动力和储能电池理论与技术丛书

面向动力电池包的

有限元分析

主　编　刘国艳　刘　青　李向楠
副主编　宋　美　韦助荣　梁新龙
参　编　李世敬　杜　禾　刘　浩　吕希祥　吴　宝　程　生
　　　　薛洪涛　王传佩　倪成鑫　周明杰　姜世昌　李　新
　　　　陈　林　方有为　邹易达　李茂文　邓文飞

机械工业出版社

本书为"动力和储能电池理论与技术丛书"之一。本书在总结了行业动力电池技术仿真发展的基础上，从有限元的基本思想、有限元理论及求解、电池包有限元分析流程、电池包模型前处理、计算、后处理及实例解析等方面进行详细阐述，主要内容包括：有限元基本理论、有限元求解基本原理、动力电池包模型简化过程、电池包网格划分要求及步骤、电池包零部件连接要求与方法、求解工况设置、材料与属性设置、常见错误原因分析与归纳总结及结果查看方法等。

本书旨在为读者提供完整的、紧密连接国内行业的有限元仿真原理、方法与步骤，以及具有就业针对性的动力电池系统有限元建模知识，助力产业人才培养。本书适合新能源汽车领域、储能技术和电源设计领域的从业者学习参考，也适合上述专业方向的学生及教师使用。

图书在版编目（CIP）数据

面向动力电池包的有限元分析 / 刘国艳，刘青，李向楠主编． -- 北京：机械工业出版社，2024. 8.
（动力和储能电池理论与技术丛书）． -- ISBN 978-7-111-76281-2

Ⅰ．TM91

中国国家版本馆 CIP 数据核字第 2024NK0658 号

机械工业出版社（北京市百万庄大街 22 号　邮政编码 100037）
策划编辑：吕　潇　　　　　　　　　　责任编辑：吕　潇　翟天睿
责任校对：孙明慧　杨　霞　景　飞　　封面设计：马精明
责任印制：常天培
固安县铭成印刷有限公司印刷
2024 年 9 月第 1 版第 1 次印刷
169mm × 239mm · 14.5 印张 · 270 千字
标准书号：ISBN 978-7-111-76281-2
定价：79.00 元

电话服务　　　　　　　　　　网络服务
客服电话：010-88361066　机　工　官　网：www.cmpbook.com
　　　　　010-88379833　机　工　官　博：weibo.com/cmp1952
　　　　　010-68326294　金　书　网：www.golden-book.com
封底无防伪标均为盗版　机工教育服务网：www.cmpedu.com

前　言

随着计算机技术的发展，有限元分析方法被越来越广泛地应用到各行各业，尤其是工程技术领域。有限元方法可以用来研究各种不同类型的工程问题，包括建筑工程、车辆工程、机械工程、航空航天工程等。有限元分析利用数学近似的方法对真实物理系统（几何和载荷工况）进行模拟。借助它可以分析复杂的结构力学系统，特别是能够解决非常庞大复杂的问题，而且可以模拟高度非线性问题。

在有限元分析领域，虽然涉及此方面的教材、专著体量不少，但是大多都是侧重于有限元分析理论以及各种有限元分析软件的用法介绍，以产业化应用为目的而编写的书籍并不多，无法满足当前新能源产业群高质量人才发展的需求。鉴于此，编者从动力电池生产龙头企业的专业人才需求和实际生产经验出发，构建以面向未来动力电池领域的能力素养知识架构，同时参考国家标准中《电动汽车用动力蓄电池安全要求》的机械可靠性及安全性要求，整理编写了本书。在编写过程中注意把握动力电池的结构特点，引入动力电池有限元分析处理方法，结合有限元分析的原理、求解步骤要求等理论知识，从有限元仿真的角度重点讲解了动力电池的有限元模型的前处理、求解及后处理等。同时对求解计算调试过程中可能产生的常见错误进行详细解析。全书整体叙述深入浅出，对动力电池有限元分析从模型处理、求解到实例解析做了全面和深入的介绍和分析。

本书共19章，可大体分为5个部分：第1、2章是有限元基础理论的介绍，主要包括有限元基本思想、发展史、作用、有限元基础理论及求解步骤等；第3～5章是动力电池有限元建模通用建模，主要包括动力电池有限元模型的坐标单位设定、不同工况分析流程及前处理中网格划分部分；第6～11章是动力电池有限元分析安全性工况详解，主要包括材料属性、模型连接、控制卡片、载荷与边界条件等；第12～16章是动力电池有限元分析可靠性工况详解，主要包括材料属性、模型连接、工况分析等；第17～19章是动力电池实例详解部分，主要阐述了动力电池有限元仿真完整的处理及分析步骤。

本书由国轩高科股份有限公司工研总院编写，书中介绍的应用案例均取材于企业的生产实践，由国轩高科股份有限公司刘国艳、刘青、李向楠担任主编，宋美、韦助荣、梁新龙担任副主编。参加本书编写的还有李世敬、杜禾、刘浩、吕希祥、吴宝、程生、薛洪涛、王传佩、倪成鑫、周明杰、姜世昌、李新、陈林、方有为、邹易达、李茂文、邓文飞。在本书编写的过程中，编者团队参阅了国内外相关领域的资料，在此向原作者表示衷心感谢。

本书可供从事动力电池产品研发、生产和管理等方面工作的工程技术人员参考，也可作为车辆工程、新能源汽车技术、储能材料技术等相关专业的教材。

限于编者水平，疏漏之处在所难免，恳请读者不吝赐教。

编　者

目　录

前言

第 1 部分　有限元基础理论

第 1 章　有限元概论 ……………………………………………… 1

1.1　有限元法基本思想 …………………………………………… 1
1.2　有限元法的孕育过程及诞生和发展 ………………………… 1
1.3　有限元运用于工程的作用 …………………………………… 2

第 2 章　有限元基础理论及求解步骤 ………………………… 6

2.1　虚位移原理 …………………………………………………… 6
　2.1.1　虚位移 …………………………………………………… 7
　2.1.2　自由度 …………………………………………………… 7
　2.1.3　广义坐标 ………………………………………………… 8
　2.1.4　虚位移分析 ……………………………………………… 8
　2.1.5　虚功与理想约束 ………………………………………… 9
2.2　最小势能原理 ………………………………………………… 11
2.3　有限元法求解问题的基本步骤 ……………………………… 15
　2.3.1　问题的分类 ……………………………………………… 15
　2.3.2　建模 ……………………………………………………… 15
　2.3.3　连续体离散化 …………………………………………… 15
　2.3.4　单元分析 ………………………………………………… 16
　2.3.5　组成物体的整体方程组 ………………………………… 24
　2.3.6　求解有限元方程和结果解释 …………………………… 26

第 2 部分　通用建模

第 3 章　坐标系及单位制 ················· 28

3.1　三维坐标 ················· 28

3.2　单位制 ················· 29

第 4 章　分析流程 ················· 30

4.1　机械安全性分析流程 ················· 30

4.2　机械可靠性分析流程 ················· 32

第 5 章　模型前处理 ················· 34

5.1　建模步骤 ················· 34

5.2　文件命名 ················· 34

5.3　当前组和原始组 ················· 34

5.4　鼠标的使用 ················· 35

5.5　常用快捷键 ················· 35

5.6　模型显示 ················· 35

5.7　模型文件格式转换 ················· 36

5.8　几何模型检查及处理 ················· 38

　　5.8.1　几何模型检查 ················· 38

　　5.8.2　模型简化 ················· 38

　　5.8.3　几何处理 ················· 42

5.9　网格划分 ················· 43

　　5.9.1　2D 网格划分 ················· 43

　　5.9.2　3D 实体划分 ················· 46

5.10　网格质量检查 ················· 47

　　5.10.1　1D 单元检查 ················· 48

　　5.10.2　2D 单元检查 ················· 48

　　5.10.3　3D 单元检查 ················· 50

　　5.10.4　重复单元检查 ················· 50

　　5.10.5　网格自由边界检查 ················· 51

5.10.6　网格法向检查 ································· 52

5.10.7　网格穿透和干涉检查 ···················· 53

5.10.8　检查网格贴合度 ···························· 54

第 3 部分　标准建模 - 机械安全模型

第 6 章　机械安全模型材料和属性创建 ···················· 55

6.1　材料创建 ·· 55

6.2　属性创建 ·· 56

第 7 章　模型连接 ······································ 57

7.1　焊接连接 ·· 57

7.1.1　点焊建模 ································· 57

7.1.2　缝焊建模 ································· 59

7.1.3　焊接热影响区 ························· 64

7.1.4　焊接材料 ································· 65

7.1.5　焊接属性 ································· 66

7.1.6　焊接接触 ································· 66

7.2　螺栓连接 ·· 66

7.2.1　不考虑螺栓预紧力建模 ··········· 66

7.2.2　考虑螺栓预紧力建模 ·············· 68

7.2.3　螺栓材料 ································· 70

7.2.4　螺栓属性 ································· 71

7.2.5　螺栓接触 ································· 71

7.3　胶粘连接 ·· 71

7.3.1　胶粘建模 ································· 71

7.3.2　胶粘材料 ································· 71

7.3.3　胶粘属性 ································· 71

7.3.4　胶粘接触 ································· 71

7.4　接触设置 ·· 71

7.4.1　接触类型 ································· 71

7.4.2　接触对 ……………………………………………………… 72

第8章　模型控制卡片和结果输出卡片设置 …………………… 73

8.1　模型控制卡片 ……………………………………………… 73
8.2　结果输出卡片 ……………………………………………… 73

第9章　工况加载及边界条件设置 ………………………………… 75

9.1　挤压 ……………………………………………………… 75
9.1.1　工况概述 ……………………………………………… 75
9.1.2　挤压板建模 …………………………………………… 76
9.1.3　挤压位置确认 ………………………………………… 76
9.1.4　挤压边界条件设置 …………………………………… 77
9.1.5　工况加载 ……………………………………………… 79
9.2　机械冲击 …………………………………………………… 80
9.2.1　工况概述 ……………………………………………… 80
9.2.2　重力场设置 …………………………………………… 80
9.2.3　工况加载 ……………………………………………… 80
9.3　模拟碰撞 …………………………………………………… 82
9.3.1　工况概述 ……………………………………………… 82
9.3.2　重力场设置 …………………………………………… 82
9.3.3　工况加载 ……………………………………………… 82
9.4　跌落 ……………………………………………………… 83
9.4.1　工况概述 ……………………………………………… 83
9.4.2　边界条件设置 ………………………………………… 83
9.4.3　工况加载 ……………………………………………… 83
9.5　动态底部球击 ……………………………………………… 84
9.5.1　工况概述 ……………………………………………… 84
9.5.2　冲击头建模 …………………………………………… 85
9.5.3　球击位置确认 ………………………………………… 85
9.5.4　重力场设置 …………………………………………… 86
9.5.5　工况加载 ……………………………………………… 86

第 10 章　机械安全模型检查、计算文件生成及提交计算 ······ 87

10.1　模型检查及计算文件生成 ············· 87
10.2　提交计算 ······························ 90
　　10.2.1　客户端单机提交计算（SMP）··········· 90
　　10.2.2　模型调试 ·························· 92
10.3　常见错误及解决办法 ··················· 99

第 11 章　机械安全模型后处理 ················· 103

11.1　查看结构件应力、应变、位移云图 ······· 103
11.2　查看能量曲线、截面力、接触力等二维数据 ··· 104
11.3　结果评价 ···························· 105

第 4 部分　标准建模 - 机械可靠模型

第 12 章　机械可靠模型材料和属性创建 ············ 106

12.1　材料创建 ··························· 106
12.2　属性创建 ··························· 107

第 13 章　模型连接处理及卡片输出 ············ 110

13.1　螺栓连接 ··························· 110
13.2　焊接连接 ··························· 111
13.3　胶粘连接 ··························· 113
13.4　接触设置 ··························· 114
　　13.4.1　电池模组与箱体 ··················· 114
　　13.4.2　模组接触设置 ····················· 114
13.5　结果输出卡片设置 ···················· 116

第 14 章　工况分析 ························· 120

14.1　模态和惯性力分析 ···················· 120
　　14.1.1　约束设置 ······················· 120

14.1.2 载荷设置 - 模态 ······ 121

14.1.3 载荷设置 - 惯性力 ······ 121

14.1.4 工况设置 - 模态 ······ 122

14.2 随机振动分析 ······ 123

14.2.1 约束设置 ······ 123

14.2.2 载荷设置 – SPCD ······ 124

14.2.3 载荷设置 – FREQ ······ 124

14.2.4 载荷设置 – EIGRL ······ 125

14.2.5 载荷设置 – TABLED1 ······ 125

14.2.6 载荷设置 – RLOAD2 ······ 127

14.2.7 载荷设置 – TABRAND1 ······ 127

14.2.8 载荷设置 – RANDPS ······ 127

14.2.9 激励工况设置 – FRA_X ······ 128

14.2.10 激励工况设置 – RANDOM_X ······ 128

第 15 章　机械可靠模型检查、计算文件生成及提交计算 ··· 130

15.1 模型检查及计算文件生成 ······ 130

15.2 提交计算 ······ 132

15.3 常见错误及调试方法 ······ 133

第 16 章　机械可靠模型后处理 ······ 139

16.1 结果导入 ······ 139

16.2 结果查看 ······ 139

第 5 部分　实例详解

第 17 章　数据模型处理及网格绘制 ······ 140

17.1 三维模型导入 ······ 140

17.2 模型简化 ······ 142

17.3 重命名 ······ 143

17.4 网格划分 ······ 143

17.4.1 箱盖网格划分 ································· 143

17.4.2 侧边框网格划分 ····························· 145

17.4.3 双层底板中间梁网格划分 ················· 156

17.4.4 底板网格划分 ····························· 159

17.4.5 实体套筒网格划分 ························· 160

17.4.6 液冷板前处理 ····························· 163

17.4.7 模组前处理 ······························· 172

17.4.8 电器件前处理 ····························· 182

17.4.9 汇流排前处理 ····························· 185

第 18 章 机械安全性分析 ··············· 186

18.1 材料及属性赋予 ································· 186

18.1.1 建模面板选择 ····························· 186

18.1.2 材料及属性创建 ··························· 187

18.1.3 材料及属性赋予 ··························· 187

18.2 穿透干涉检查 ··································· 188

18.3 连接创建 ······································· 190

18.3.1 胶粘连接 ································· 190

18.3.2 焊接连接 ································· 191

18.3.3 共结点连接 ······························· 193

18.3.4 螺栓连接 ································· 195

18.4 接触创建 ······································· 195

18.5 输出及控制卡片设置 ····························· 197

18.6 工况加载及边界条件设置 ······················· 197

18.6.1 挤压板创建 ······························· 197

18.6.2 边界条件创建 ····························· 197

18.6.3 载荷创建 ································· 197

18.6.4 接触创建 ································· 198

18.7 模型提交 ······································· 199

18.7.1 模型检查及计算文件生成 ··················· 199

18.7.2 试算 ······································· 199

18.7.3 提交 ······································· 199

18.8 结果查看及评价 ································· 199

第 19 章　机械可靠性分析 ………………………………………… 200

19.1　材料和属性设置 ……………………………………… 200
19.1.1　建模面板选择 ……………………………………… 200
19.1.2　材料参数设置 ……………………………………… 200
19.1.3　属性创建 …………………………………………… 201
19.2　连接创建 ……………………………………………… 203
19.2.1　胶粘连接 …………………………………………… 203
19.2.2　焊接处理 …………………………………………… 205
19.2.3　共结点连接 ………………………………………… 206
19.2.4　螺栓连接 …………………………………………… 208
19.3　接触创建 ……………………………………………… 209
19.4　输出及控制卡片设置 ………………………………… 210
19.5　工况加载及边界条件设置 …………………………… 212
19.5.1　模态设置 …………………………………………… 212
19.5.2　惯性力设置 ………………………………………… 215
19.5.3　随机振动设置 ……………………………………… 215
19.6　模型检查及计算文件生成 …………………………… 216
19.6.1　模型质量检查 ……………………………………… 216
19.6.2　提交计算 …………………………………………… 216
19.7　结果查看及评价 ……………………………………… 216

参考文献 …………………………………………………… 217

第1部分
有限元基础理论

第1章

有限元概论

1.1　有限元法基本思想

　　有限元法的基本思想是将结构离散化，用有限个简单的单元来表示复杂的对象，单元之间通过有限个结点相互连接，然后根据平衡和变形协调条件综合求解。由于单元的数目是有限的，结点的数目也是有限的，所以称为有限元法（Finite Element Method，FEM）。有限元法的思想最早可以追溯到古人的"化整为零""化圆为直"的做法，如"曹冲称象"的典故，我国古代数学家刘徽采用割圆法来对圆周长进行计算。这些实际上都体现了离散逼近的思想，即采用大量的简单小物体来"冲填"出复杂的大物体。

　　有限元法是迄今为止最为有效的数值计算方法之一，它为科学与工程技术的发展提供了巨大支撑。

1.2　有限元法的孕育过程及诞生和发展

　　在17世纪，牛顿和莱布尼茨发明了积分法，证明了该运算具有整体对局部的可加性。

　　在18世纪，数学家高斯提出了加权余值法及线性代数方程组的解法。另一位数学家拉格朗日提出泛函分析。泛函分析是将偏微分方程改写为积分表达式的另一途径。

　　在19世纪末及20世纪初，数学家瑞雷和里兹首先提出可对全定义域运用位移函数来表达其上的未知函数。1915年，数学家伽辽金提出了选择位移函数中形函数的伽辽金法被广泛地用于有限元分析。

1943 年，柯朗（Richard Courant）已从数学上明确提出过有限元的思想，发表了第一篇使用三角形区域的多项式函数来求解扭转问题的论文，由于当时计算机尚未出现，因此并没有引起应有的注意。但后来，人们认识到了柯朗工作的重大意义，并将 1943 年作为有限元法的诞生之年。

1956 年，波音公司工程师特纳（M.J.Turner）、土木工程教授克劳夫（Ray W.Clough）、航空工程教授马丁（H.C.Martin）及波音公司工程师托普（L.J.Topp）等人共同在航空科技期刊上发表了一篇采用有限元技术计算飞机机翼强度的论文，名为 *Stiffness and Deflection Analysis of Complex Structures*，系统研究了离散杆、梁、三角形的单元刚度表达式，文中把这种解法称为刚性法（Stiffness），一般认为这是工程学界上有限元法的开端。20 世纪 50 年代，大型电子计算机投入了解算大型代数方程组的工作，这为实现有限元技术准备好了物质条件。

1960 年，克劳夫（Ray W.Clough）教授在美国土木工程学会（ASCE）之计算机会议上，发表了一篇处理平面弹性问题论文，名为 *The Finite Element in Plane Stress Analysis* 的论文，将应用范围扩展到飞机以外之土木工程上，同时有限元法（FEM）的名称也第一次被正式提出。值得骄傲的是我国南京大学冯康教授在此前后独立地在论文中提出了"有限单元"。

1995 年，钱学森在《我对今日力学的认识》中提到："今日力学是一门用计算机计算去回答一切宏观的实际科学技术问题，计算方法非常重要；另一个辅助手段是巧妙设计的实验"。

1.3 有限元运用于工程的作用

随着计算机技术的普及和计算速度的不断提高，有限元分析在工程设计和分析中得到了越来越广泛的重视，已经成为解决复杂的工程分析计算问题的有效途径，现在从汽车到航天飞机几乎所有的设计制造都已离不开有限元分析计算，其在机械制造、材料加工、航空航天、汽车、土木建筑、电子电器、国防军工、船舶、铁道、石化、能源、科学研究等各个领域的广泛使用已促使设计水平发生了质的飞跃，主要表现在以下几个方面：

1）增加产品和工程的可靠性；

2）在产品的设计阶段发现潜在的问题；

3）经过分析计算，采用优化设计方案，降低原材料成本；

4）缩短产品投向市场的时间；

5）模拟试验方案，减少试验次数，从而减少试验经费。

有限元的应用范围相当广泛，它涉及工程结构、传热、流体运动、电磁等连续介质的力学分析，并在气象、地球物理、医学等领域得到应用和发展。电子计算机的出现和发展使有限元法在许多实际问题中的应用变为现实，并具有广阔的前景。

国际上早在 20 世纪 50 年代末、60 年代初就投入大量的人力和物力开发具有强大功能的有限元分析程序。其中最为著名的是由美国国家宇航局（NASA）在 1965 年委托美国计算科学公司和贝尔航空系统公司开发的 NASTRAN 有限元分析系统。该系统发展至今已有几十个版本，是目前世界上规模最大、功能最强的有限元分析系统。从那时到现在，世界各地的研究机构和大学陆续发展了一批规模较小但使用灵活、价格较低的专用或通用有限元分析软件，主要有德国的 ASKA、英国的 PAFEC、法国的 SYSTUS、美国的 ABQUS、ADINA、ANSYS、BERSAFE、BOSOR、COSMOS、ELAS、MARC 和 STARDYNE 等。当今国际上 FEA 方法和软件发展呈现出以下一些趋势特征。

1. 从单纯的结构力学计算发展到求解许多物理场问题

有限元分析方法最早是从结构化矩阵分析发展而来的，逐步推广到板、壳和实体等连续体固体力学分析，实践证明这是一种非常有效的数值分析方法。而且从理论上也已经证明，只要用于离散求解对象的单元足够小，所得的解就可足够逼近精确值。所以近年来有限元方法已发展到流体力学、温度场、电传导、磁场、渗流和声场等问题的求解计算，最近又发展到求解几个交叉学科的问题。例如，当气流流过一个很高的铁塔时就会使铁塔产生变形，而塔的变形又反过来影响到气流的流动，这就需要用固体力学和流体动力学的有限元分析结果交叉迭代求解，即所谓"流固耦合"的问题。

2. 由求解线性工程问题进展到分析非线性问题

随着科学技术的发展，线性理论已经远远无法满足设计的要求。例如，建筑行业中的高层建筑和大跨度悬索桥的出现，就要求考虑结构的大位移和大应变等几何非线性问题；航天和动力工程的高温部件存在热变形和热应力，也要考虑材料的非线性问题；诸如塑料、橡胶和复合材料等各种新材料的出现，仅靠线性计算理论不足以解决遇到的问题，只有采用非线性有限元算法才能解决。众所周知，非线性的数值计算是很复杂的，它涉及很多专门的数学问题和运算技巧，很难为一般工程技术人员所掌握。为此近年来国外一些公司花费了大量的人力和投资，开发诸如 MARC、ABAQUS 和 ADINA 等专长于求解非线性问题的有限元分析软件，并广泛应用于工程实践。这些软件的共同特点是具有高效的非线性求解器以及丰富和实用的非线性材料库。

3. 增强可视化的前置建模和后置数据处理功能

早期有限元分析软件的研究重点在于推导出新的高效率求解方法和高精度的单元。随着数值分析方法的逐步完善，尤其是计算机运算速度的飞速发展，整个计算系统用于求解运算的时间越来越少，而数据准备和运算结果的表现问题却日益突出。在现在的工程工作站上，求解一个包含 10 万个方程的有限元模型只需要用几十分钟。但是如果用手工方式来建立这个模型，然后再处理大量的计算结果则需用几周的时间。可以毫不夸张地说，工程师在分析计算一个工程问题时，有 80% 以上的精力都花在数据准备和结果分析上。因此目前几乎所有的商业化有限元程序系统都有功能很强的前置建模和后置数据处理模块。在强调可视化的今天，很多程序都建立了对用户非常友好的 GUI（Graphics User Interface，图形化用户界面），使用户能以可视图形方式直观快速地进行网格自动划分，生成有限元分析所需数据，并按要求将大量的计算结果整理成变形图、等值分布云图，便于极值搜索和所需数据的列表输出。

4. 与 CAD 软件的无缝集成

当今有限元分析系统的另一个特点是与通用 CAD（Computer Aided Design，计算机辅助设计）软件的集成使用，即在用 CAD 软件完成部件和零件的造型设计后，自动生成有限元网格并进行计算，如果分析的结果不符合设计要求，则重新进行造型和计算，直到满意为止，从而极大地提高了设计水平和效率。今天，工程师可以在集成的 CAD 和 FEA 软件环境中快捷地解决一个在以前无法应付的复杂工程分析问题。所以如今所有的商业化有限元系统商都开发了与 CAD 软件（如 Pro/ENGINEER、Unigraphics、SolidEdge、SolidWorks、IDEAS、Bentley 和 AutoCAD 等）的接口。

5. 在 Wintel（Windows-Intel 架构）平台上的发展

早期的有限元分析软件基本上都是在大中型计算机（主要是 Mainframe）上开发和运行的，后来又发展到以工程工作站（Engineering Work Station，EWS）为平台，它们的共同特点都是采用 UNIX 操作系统。PC 的出现使计算机的应用发生了根本性的变化，工程师渴望在办公桌上完成复杂工程分析的梦想成为现实。但是早期的 PC 采用 16 位 CPU 和 DOS 操作系统，内存中的公共数据块受到限制，因此当时计算模型的规模不能超过 1 万阶方程。Microsoft Windows 操作系统和 32 位的 Intel Pentium 处理器的推出为将 PC 用于有限元分析提供了必需的软件和硬件支撑平台。因此当前国际上著名的有限元程序研究和发展机构都纷纷将他们的软件移植到 Wintel 平台上。为了将在大中型计算机和 EWS 上开发的有限元程序移植到 PC 上，常常需要采用 Hummingbird 公司的一个仿真软件 Exceed。这样做的结果比较麻烦，而且不能充分利用 PC 的软硬件资源。所以最近有些公司，例如 IDEAS、ADINA 和 R&D 开始在 Windows 平台上开发有限元程序，称作 "Native Windows" 版本，同时还有在 PC 上的 Linux 操作系统环境中开发的有限元程序包。

在 CAD 技术广泛普及的今天，从自行车到航天飞机，所有的设计制造都离不开有限元分析计算，有限元法在工程设计和分析中将得到越来越广泛的重视。目前以分析、优化和仿真为特征的 CAE（Computer aided Engineering，计算机辅助工程）技术在世界范围内蓬勃发展，它通过先进的 CAE 技术快速有效地分析产品的各种特性，揭示结构各类参数变化对产品性能的影响，进行设计方案的修改和调整，使产品达到性能和质量最优，原材料消耗最低。因此，基于计算机的分析、优化和仿真的 CAE 技术的研究和应用是高质量、高水平、低成本产品设计与开发的保障。有限元法也必将在科技发展史上大放异彩。

第 2 章

有限元基础理论及求解步骤

有限元法是一种离散化的数值计算方法，对结构分析而言，它的理论基础是能量原理。能量原理表明，在外力作用下，弹性体的变形、应力和外力之间的关系受能量原理的支配，能量原理与微分方程和定解条件是等价的。下面介绍有限元法中经常使用的虚位移原理和最小势能原理。

2.1 虚位移原理

虚位移是在力学分析里，在给定的瞬时和位形上，符合约束条件的无穷小位移。虚位移原理又称虚功原理，可以叙述如下：如果物体在发生虚位移之前所受的力系是平衡的（物体内部满足平衡微分方程，物体边界上满足力学边界条件），那么在发生虚位移时，外力在虚位移上所做的虚功等于虚应变能（物体内部应力在虚应变上所做的虚功）。反之，如果物体所受的力与在虚位移（及虚应变）上所做的虚功相等，则它们一定是平衡的。可以看出，虚位移原理等价于平衡微分方程与力学边界条件，所以虚位移原理表述了力系平衡的必要而充分的条件。

质点系可分为自由质点系和非质点系。如果质点系的各质点不受任何限制，可以在空间自由运动，它们的运动轨迹取决于质点系的外力和内力，则这种质点系称为自由质点系，例如，各星体组成的太阳系。如果质点系的各质点受到一定限制，在空间不能自由运动，它们的位置或速度必须遵循一定的限制条件，则这种质点系称为非自由质点系，例如，用刚杆连接的两质点，它们之间的距离保持不变。在工程实际中，经常遇到的是非自由质点系。静力学中，以静力学公理为基础，以矢量分析为特点，通过主动力与约束力的关系表达了刚体的平衡条件，称为矢量静力学或刚体静力学。刚体的平衡条件对任意非自由质点系来说，只是必要的，并非充分的。本节讨论的虚位移原理是用数学分析的方法研究任意非自由质点系的平衡问题，平衡条件表现为主动力在系统的虚位移上所做虚功的关系。虚位移原理给出任意非自由质点系平衡的必要与充分条件，是解决质点系平衡问题的普遍原理，可称为分析静力学。

2.1.1　虚位移

由于约束的限制，非自由质点或质点系中的质点，其运动不可能完全自由。虽然约束限制了质点某些方向的位移，但也容许质点沿另一些方向的位移。因此，定义质点或质点系在给定位置（或瞬时），为约束所容许的任何无限小位移，称为质点或质点系在该位置的虚位移（Virtual Displacement）。质点的虚位移记为

$$\delta r = \delta x\, \boldsymbol{i} + \delta y\, \boldsymbol{j} + \delta z \boldsymbol{k} \tag{2-1}$$

式中，δx，δy，δz 是虚位移在各直角坐标轴上的投影；而虚角位移用 $\delta\varphi$ 或 $\delta\theta$ 表示。应注意，δ 是变分符号。δr 表示函数 $r(t)$ 的变分，变分表示函数自变量（时间 t）不变时，由函数本身形状在约束所许可的条件下微小改变而产生的无限小增量。除了 $\delta t = 0$ 之外，变分运算与微分运算相类似。

必须强调，虚位移纯粹是一个几何概念，所谓"虚"主要反映了这种位移的人为假设性，并非真实的位移。众所周知，处于静止状态的质点系并没有实际位移，但可以在系统的约束所容许的前提下，给定系统的任意虚位移。同时虚位移又完全取决于约束的性质及其限制条件，而不是虚无缥缈的，也不可随心所欲地假设。

2.1.2　自由度

由于约束的限制，质点系内各质点的虚位移并不独立。那么，一个非自由质点系究竟有多少个独立的虚位移？于是把质点系独立的虚位移（或独立坐标变分）数目称为质点系的自由度（Degree of Freedom）。因为每个独立的虚位移反映系统一个独立的虚位移形式，所以自由度数就反映了系统独立的虚位移形式的数目。

假设具有定常几何约束的质点系包括 n 个质点，受到 s 个约束，约束方程为

$$f_j = (x_1,y_1,z_1,\ldots,x_n,y_n,z_n) = 0 \qquad (j = 1,2,\cdots,s) \tag{2-2}$$

对约束方程求一阶变分，则得

$$\sum_{i=1}^{n}\left(\frac{\partial f_j}{\partial x_i}\delta x_i + \frac{\partial f_j}{\partial y_i}\delta y_i + \frac{\partial f_j}{\partial z_i}\delta z_i\right) = 0 \qquad (j = 1,2,\cdots,s) \tag{2-3}$$

式中，给定质点系的虚位移时，质点系 $3n$ 个质点的坐标变分应满足 s 个方程，也就是说，只有 $3n-s$ 个变分是独立的。它正好等于质点独立坐标的数目。因此，对于具有定常几何约束的质点系，确定其几何位置的独立坐标的数目，称

为质点系的自由度。

2.1.3　广义坐标

在许多实际问题中，采用直角坐标法确定系统的位形并不方便。如上所述，可取 $3n-s$ 个独立的参数便能完全确定系统的位形，这些定参数可以是长度、角度、弧长等。能够完全确定质点系位形的独立参数，称为系统的广义坐标。对于定常的几何约束系统，显然，广义坐标的数目就等于系统的自由度数。对于所讨论的定常的完整系统，如系统具有 $k=3n-s$ 个自由度，广义坐标以 $q_i (i=1,2,\cdots,k)$ 表示，则任一瞬时系统中每一质点的矢径和直角坐标都可以表示为广义坐标的函数，即

$$r_i = r_i(q_1, q_2, \cdots, q_k) \qquad (i=1,2,\cdots,n) \qquad (2\text{-}4)$$

$$\begin{cases} x_i = x_i(q_1, q_2, \cdots, q_k) \\ y_i = y_i(q_1, q_2, \cdots, q_k) \qquad (i=1,2,\cdots,n) \\ y_i = y_i(q_1, q_2, \cdots, q_k) \end{cases} \qquad (2\text{-}5)$$

图 2-1 所示为一个在 Oxy 面内运动的二级摆。这个质点系由两个质点组成，受到两个几何约束，其约束方程为

$$\begin{aligned} x_1^2 + y_1^2 &= l_1^2 \\ (x_2 - x_1)^2 + (y_2 - y_1)^2 &= l_2^2 \end{aligned} \qquad (2\text{-}6)$$

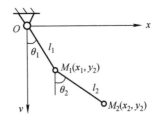

图 2-1　两个质点组成的质点系

所以，该质点系的广义坐标数（或自由度数）为 $k=2n-s=2$，系统的位置用两个独立的参变量给定。总之，对于一个给定的非自由质点系，其广义坐标的个数是确定的，但广义坐标的取法可有所不同。

2.1.4　虚位移分析

由于质点系的虚位移中，各质点的虚位移并不独立，因此正确分析并确定

各主动力作用点的虚位移将成为解题的关键。根据具体问题给定的条件，可选用下列方法分析质点系的虚位移。

首先是几何法。应用几何学或运动学的方法求各点虚位移间的关系，称为几何法。在几何法中，首先应根据系统的约束条件，确定系统的自由度，给定系统的虚位移，并正确画出该系统的虚位移图，然后应用运动学的方法求解有关点虚位移间的关系。在运动学中质点的无限小位移与该点的速度成正比，即 $\mathrm{d}r = v\mathrm{d}t$。因此，两质点无限小位移的大小之比等于两点速度大小之比。如果把对应于虚位移的速度称为虚速度，则两质点虚位移大小之比必等于对应点虚速度大小之比。这样，就可以应用运动学中的速度分析方法（如瞬心法、速度投影法、速度合成定理等）建立虚位移间的关系。这种方法也称为虚速度法。

其次是解析法。解析法是指通过变分运算建立虚位移间的关系，这是重点学习方法。若已知质点系的约束方程，则通过变分运算可得虚位移投影间的关系见式（2-3），一般情况下，将质点系中各质点的矢径或直角坐标先表示为广义坐标的函数，见式（2-4）或式（2-5），通过一阶变分，可得

$$\delta r_i = \frac{\partial r_j}{\partial q_1}\delta q_1 + \frac{\partial r_j}{\partial q_2}\delta q_2 + \cdots + \frac{\partial r_j}{\partial q_k}\delta q_k = 0 \qquad (i = 1, 2, \cdots, n) \qquad (2\text{-}7)$$

$$\begin{cases} \delta x_i = \dfrac{\partial x_j}{\partial q_1}\delta q_1 + \dfrac{\partial x_j}{\partial q_2}\delta q_2 + \cdots + \dfrac{\partial x_j}{\partial q_k}\delta q_k = 0 \\[2mm] \delta y_i = \dfrac{\partial y_j}{\partial q_1}\delta q_1 + \dfrac{\partial y_j}{\partial q_2}\delta q_2 + \cdots + \dfrac{\partial y_j}{\partial q_k}\delta q_k = 0 \qquad (i = 1, 2, \cdots, n) \\[2mm] \delta z_i = \dfrac{\partial z_j}{\partial q_1}\delta q_1 + \dfrac{\partial z_j}{\partial q_2}\delta q_2 + \cdots + \dfrac{\partial z_j}{\partial q_k}\delta q_k = 0 \end{cases} \qquad (2\text{-}8)$$

式中，δx_i，δy_i，δz_i，δq_i 分别为坐标 x_i，y_i，z_i，q_i 的变分；δq_i 称为广义虚位移。

2.1.5　虚功与理想约束

作用于质点上的力在其虚位移上所做的功称为虚功。假设作用于质点上的力为 F，质点的虚位移为 δr，则力 F 在虚位移 δr 上的虚功 δW 为

$$\delta W = F \cdot \delta r \qquad (2\text{-}9)$$

由于虚位移是元位移，所以虚功只有元功的形式，其计算同力在真实小位移上所做的元功。虚功强调了力与位移彼此的独立性。

在动能定理中，曾经讨论过理想约束，现在给出确切定义：若约束反力在

质点系的任一组虚位移上所作虚功之和等于零，则称此约束为理想约束。设第 i 个质点的反力为 $\boldsymbol{F}_{Ni}$，虚位移为 $\delta \boldsymbol{r}_i$，理想约束条件可表示为

$$\sum \boldsymbol{F}_{Ni} \cdot \delta \boldsymbol{r}_i = 0 \qquad （2\text{-}10）$$

一般常见的理想约束包括：光滑支承面，各种光滑铰链、轴承、铰链支座，无重刚杆及不可伸长的柔索，刚体纯滚动时的支承面等。理想约束反映了约束的基本力学特性，静力学问题和动力学问题同样适用。理想约束是对实际约束在一定条件下的近似而已。今后若无特别说明，非自由质点系则一概视为具有理想约束的质点系，对于需要考虑虚功的约束反力（如滑动摩擦力）则按主动力处理。

虚位移原理不仅可以应用于弹性力学问题，还可以应用于非线性弹性以及弹塑性等非线性问题。虚位移原理是分析力学的普遍原理之一，在求解静力学问题中有着广泛的应用。虚位移原理可陈述为具有双面、定常、理想约束的静止质点系，其继续保持静止的充分与必要条件是所有主动力在质点系任何虚位移上的虚功之和等于零，即

$$\sum \boldsymbol{F} \cdot \delta \boldsymbol{r} = 0 \qquad （2\text{-}11）$$

$$\sum (F_x \cdot \delta x + F_y \cdot \delta y + F_z \cdot \delta z) = 0 \qquad （2\text{-}12）$$

式（2-11）和式（2-12）称为虚功方程（Equation of virtual work），虚功方程又称为静力学普遍方程。虚位移原理是虚功原理之一，现对原理的必要性和充分性给出证明。

必要性证明：已知质点系处于静止状态，证明式（2-11）必然成立。因为系统处于静止状态，所以系统内每个质点必须处于静止。系统内任一质点的主动力 $\boldsymbol{F}_i$ 和约束反力 $\boldsymbol{F}_{Ni}$ 应满足平衡条件

$$\boldsymbol{F}_i + \boldsymbol{F}_{Ni} = 0 \qquad （2\text{-}13）$$

系统一组虚位移为 $\delta \boldsymbol{r}_i (i = 1, 2, \cdots, n)$，每个质点上作用力虚功之和等于零。即

$$(\boldsymbol{F}_i + \boldsymbol{F}_{Ni}) \cdot \delta \boldsymbol{r}_i = 0 \qquad (i = 1, 2, \cdots, n) \qquad （2\text{-}14）$$

对全体求和，得

$$\sum_{i=1}^{n} (\boldsymbol{F}_i + \boldsymbol{F}_{Ni}) \cdot \delta \boldsymbol{r}_i = \sum_{i=1}^{n} \boldsymbol{F}_i \cdot \delta \boldsymbol{r}_i + \sum_{i=1}^{n} \boldsymbol{F}_{Ni} \cdot \delta \boldsymbol{r}_i = 0 \qquad （2\text{-}15）$$

对于理想约束 $\sum \boldsymbol{F}_{Ni} \cdot \delta \boldsymbol{r}_i = 0$，代入式（2-15），得 $\sum \boldsymbol{F} \cdot \delta \boldsymbol{r} = 0$，必要性得证。

充分性证明：若条件式（2-11）成立，则证明系统必继续保持静止。采用反证法，设在式（2-11）的条件下，系统不平衡，则有些质点（至少一个）必将进入运动状态。因质点系原来处于静止，一旦进入运动状态，其动能必然增加，即在实位移 $\mathrm{d}\boldsymbol{r}$ 中，$\mathrm{d}\boldsymbol{T} > 0$。根据质点系动能定理的微分形式，有

$$\mathrm{d}\boldsymbol{T} = \sum \mathrm{d}'\boldsymbol{W} = \sum (\boldsymbol{F}_i + \boldsymbol{F}_{Ni}) \cdot \mathrm{d}\boldsymbol{r}_i > 0 \qquad (2\text{-}16)$$

对于定常的双面约束，可取微小实位移作为虚位移，即 $\delta \boldsymbol{r}_i = \mathrm{d}\boldsymbol{r}_i$，于是式（2-16）为

$$\sum (\boldsymbol{F}_i + \boldsymbol{F}_{Ni}) \cdot \delta \boldsymbol{r}_i = \sum \boldsymbol{F}_i \cdot \delta \boldsymbol{r}_i + \sum \boldsymbol{F}_{Ni} \cdot \delta \boldsymbol{r}_i > 0 \qquad (2\text{-}17)$$

对于理想约束 $\sum \boldsymbol{F}_{Ni} \cdot \delta \boldsymbol{r}_i = 0$，则 $\sum \boldsymbol{F}_i \cdot \delta \boldsymbol{r}_i = 0$，这与题设条件式（2-11）相矛盾。因此，质点系中的每一个质点必须处于静止状态，这就证明了原理的充分性。

2.2　最小势能原理

最小势能原理可以叙述为弹性体受到外力作用时，在所有满足位移边界条件和变形协调条件的位移中，真实位移使系统的总势能取驻值，且为最小值。根据最小势能原理，要求弹性体在外力作用下的位移可以满足几何方程和位移边界条件，且使物体总势能取最小值的条件去寻求答案。最小势能原理仅适用于弹性力学问题。

由于虚位移为微小的、为约束所允许的，所以，可认为在虚位移发生过程中，外力的大小和方向都不变，只是作用点位置有微小变化。

由位移变分方程

$$\delta V_\varepsilon = \iiint_V (f_x \delta u + f_y \delta v + f_z \delta w)\mathrm{d}x\mathrm{d}y\mathrm{d}z + \\ \iint_{S_\sigma} (\overline{f}_x \delta u + \overline{f}_y \delta v + \overline{f}_z \delta w)\mathrm{d}S \qquad (2\text{-}18)$$

可得

$$\delta V_\varepsilon = \delta \left[\iiint_V (f_x u + f_y v + f_z w)\mathrm{d}x\mathrm{d}y\mathrm{d}z + \iint_{S_\sigma} (\overline{f}_x u + \overline{f}_y v + \overline{f}_z w)\mathrm{d}S \right] \qquad (2\text{-}19)$$

可得弹性体的总势能（应变能减去外力功）

$$\Pi = V_\varepsilon - \iiint_V (f_x u + f_y v + f_z w)\mathrm{d}x\mathrm{d}y\mathrm{d}z - \iint_{S_\sigma}(\bar{f}_x u + \bar{f}_y v + \bar{f}_z w)\mathrm{d}S \qquad (2\text{-}20)$$

则

$$\delta\Pi = 0 \qquad (2\text{-}21)$$

势能原理：在给定的外力作用下，弹性体处于平衡的真实位移，使得弹性体系统总势能在所有允许位移中的一阶变分为零。

弹性体平衡状态分为稳定平衡状态：$\delta^2\Pi > 0$，势能取极小值；不稳定平衡状态：$\delta^2\Pi < 0$，势能取极大值；随遇平衡状态，$\Pi = \mathrm{const}$，势能取常值。

可见，对于稳定平衡状态，有

$$\delta\Pi = 0, \quad \delta^2\Pi > 0 \qquad (2\text{-}22)$$

最小势能原理：给定的外力作用下，在满足位移边界条件的所有位移中，弹性体系统的真实的位移，应使系统的总势能取驻值。当系统处于稳定平衡时，总势能取极小值，通常也为最小值。

设有静力平衡弹性体，其体内 V 有体力 (f_x, f_y, f_z)，在表面 S_u 上给定位移 $(\bar{u}, \bar{v}, \bar{w})$，而在表面 S 上给定应力 $(\bar{f}_x, \bar{f}_y, \bar{f}_z)$，且 $S = S_u + S_\sigma$。

基于平衡概念证明最小势能原理，由于

$$\Pi = V_\varepsilon - \iiint_V (f_x u + f_y v + f_z w)\mathrm{d}x\mathrm{d}y\mathrm{d}z - \iint_{S_\sigma}(\bar{f}_x u + \bar{f}_y v + \bar{f}_z w)\mathrm{d}S \qquad (2\text{-}23)$$

则

$$\delta\Pi = \delta V_\varepsilon - \delta\left[\iiint_V (f_x u + f_y v + f_z w)\mathrm{d}x\mathrm{d}y\mathrm{d}z + \iint_{S_\sigma}(\bar{f}_x u + \bar{f}_y v + \bar{f}_z w)\mathrm{d}S\right] \qquad (2\text{-}24)$$

于是有

$$\delta\Pi = \iiint_V \left[\frac{\partial v_\varepsilon}{\partial \varepsilon_x}\delta\varepsilon_x + \frac{\partial v_\varepsilon}{\partial \varepsilon_y}\delta\varepsilon_y + \frac{\partial v_\varepsilon}{\partial \varepsilon_z}\delta\varepsilon_z + \frac{\partial v_\varepsilon}{\partial \gamma_{yz}}\delta\gamma_{yz} + \frac{\partial v_\varepsilon}{\partial \gamma_{zx}}\delta\gamma_{zx} + \frac{\partial v_\varepsilon}{\partial \gamma_{xy}}\delta\gamma_{xy}\right]\mathrm{d}x\mathrm{d}y\mathrm{d}z$$

$$- \delta\left[\iiint_V (f_x u + f_y v + f_z w)\mathrm{d}x\mathrm{d}y\mathrm{d}z + \iint_{S_\sigma}(\bar{f}_x u + \bar{f}_y v + \bar{f}_z w)\mathrm{d}S\right]$$

$$= \iiint_V [\sigma_x\delta\varepsilon_x + \sigma_y\delta\varepsilon_y + \sigma_z\delta\varepsilon_z + \tau_{yz}\delta\gamma_{yz} + \tau_{zx}\delta\gamma_{zx} + \tau_{xy}\delta\gamma_{xy}]\mathrm{d}x\mathrm{d}y\mathrm{d}z -$$

$$\iiint_V (f_x\delta u + f_y\delta v + f_z\delta w)\mathrm{d}x\mathrm{d}y\mathrm{d}z - \iint_{S_\sigma}(\bar{f}_x\delta u + \bar{f}_y\delta v + \bar{f}_z\delta w)\mathrm{d}S \qquad (2\text{-}25)$$

利用几何方程

$$\delta\Pi = \iiint_V \left[\sigma_x \frac{\partial \delta u}{\partial x} + \sigma_y \frac{\partial \delta v}{\partial y} + \sigma_z \frac{\partial \delta w}{\partial z} \right] \mathrm{d}x\mathrm{d}y\mathrm{d}z +$$

$$\iiint_V \left[\tau_{yz} \left(\frac{\partial \delta v}{\partial z} + \frac{\partial \delta w}{\partial y} \right) + \tau_{zx} \left(\frac{\partial \delta w}{\partial x} + \frac{\partial \delta u}{\partial z} \right) + \tau_{xy} \left(\frac{\partial \delta v}{\partial x} + \frac{\partial \delta u}{\partial y} \right) \right] \mathrm{d}x\mathrm{d}y\mathrm{d}z -$$

$$\iiint_V (f_x \delta u + f_y \delta v + f_z \delta w)\mathrm{d}x\mathrm{d}y\mathrm{d}z - \iint_{S_\sigma} (\bar{f}_x \delta u + \bar{f}_y \delta v + \bar{f}_z \delta w)\mathrm{d}S$$

$$= \iint_S (n_x \sigma_x \delta u + n_y \sigma_y \delta v + n_z \sigma_z \delta w)\mathrm{d}S +$$

$$\iint_S (\tau_{yz}(n_z \delta v + n_y \delta w) + \tau_{zx}(n_x \delta w + n_z \delta u) + \tau_{xy}(n_x \delta v + n_y \delta u))\mathrm{d}S -$$

$$\iiint_V \left[\frac{\partial \sigma_x}{\partial x} \delta u + \frac{\partial \sigma_y}{\partial y} \delta v + \frac{\partial \sigma_z}{\partial z} \delta w \right] \mathrm{d}x\mathrm{d}y\mathrm{d}z -$$

$$\iiint_V \left[\left(\frac{\partial \tau_{yz}}{\partial z} \delta v + \frac{\partial \tau_{yz}}{\partial y} \delta w \right) + \left(\frac{\partial \tau_{zx}}{\partial x} \delta w + \frac{\partial \tau_{zx}}{\partial z} \delta u \right) + \left(\frac{\partial \tau_{xy}}{\partial x} \delta v + \frac{\partial \tau_{xy}}{\partial y} \delta u \right) \right] \mathrm{d}x\mathrm{d}y\mathrm{d}z -$$

$$\iiint_V (\delta u + f_y \delta v + f_z \delta w)\mathrm{d}x\mathrm{d}y\mathrm{d}z - \iint_{S_\sigma} (\bar{f}_x \delta u + \bar{f}_y \delta v + \bar{f}_z \delta w)\mathrm{d}S \qquad (2\text{-}26)$$

则

$$\delta\Pi = -\iiint_V \left[\left(\frac{\partial \sigma_x}{\partial x} + \frac{\partial \tau_{xy}}{\partial y} + \frac{\partial \tau_{zx}}{\partial z} + f_x \right) \delta u \right] \mathrm{d}x\mathrm{d}y\mathrm{d}z -$$

$$\iiint_V \left[\left(\frac{\partial \tau_{xy}}{\partial x} + \frac{\partial \sigma_y}{\partial y} + \frac{\partial \tau_{yz}}{\partial z} + f_y \right) \delta v \right] \mathrm{d}x\mathrm{d}y\mathrm{d}z -$$

$$\iiint_V \left[\left(\frac{\partial \tau_{zx}}{\partial x} + \frac{\partial \tau_{yz}}{\partial y} + \frac{\partial \sigma_z}{\partial z} + f_z \right) \delta w \right] \mathrm{d}x\mathrm{d}y\mathrm{d}z + \qquad (2\text{-}27)$$

$$\iint_{S_\sigma + S_u} [(n_x \sigma_x + \tau_{xy} n_y + \tau_{zx} n_z)\delta u + (\tau_{xy} n_x + n_y \sigma_y + \tau_{yz} n_z)\delta v]\mathrm{d}S +$$

$$\iint_{S_\sigma + S_u} (\tau_{zx} n_x + \tau_{yz} n_y + n_z \sigma_z)\delta w \mathrm{d}S -$$

$$\iint_{S_\sigma} (\bar{f}_x \delta u + \bar{f}_y \delta v + \bar{f}_z \delta w)\mathrm{d}S$$

注意到在表面 S_u 上，有

$$\delta u = \delta v = \delta w = 0 \qquad (2\text{-}28)$$

则

$$\delta\Pi = -\iiint_V \left[\left(\frac{\partial \sigma_x}{\partial x} + \frac{\partial \tau_{xy}}{\partial y} + \frac{\partial \tau_{zx}}{\partial z} + f_x \right) \delta u \right] \mathrm{d}x\mathrm{d}y\mathrm{d}z -$$

$$\iiint_V \left[\left(\frac{\partial \tau_{xy}}{\partial x} + \frac{\partial \sigma_y}{\partial y} + \frac{\partial \tau_{yz}}{\partial z} + f_y \right) \delta v \right] \mathrm{d}x\mathrm{d}y\mathrm{d}z -$$

$$\iiint_V \left[\left(\frac{\partial \tau_{zx}}{\partial x} + \frac{\partial \tau_{yz}}{\partial y} + \frac{\partial \sigma_z}{\partial z} + f_z \right) \delta w \right] \mathrm{d}x\mathrm{d}y\mathrm{d}z + \qquad (2\text{-}29)$$

$$\iint_{S_\sigma} [(n_x\sigma_x + \tau_{xy}n_y + \tau_{zx}n_z - \overline{f}_x)\delta u + (\tau_{xy}n_x + n_y\sigma_y + \tau_{yz}n_z - \overline{f}_y)\delta v]\mathrm{d}S +$$

$$\iint_{S_\sigma} (\tau_{zx}n_x + \tau_{yz}n_y + n_z\sigma_z - \overline{f}_z)\delta w\mathrm{d}S$$

由于 $\delta u, \delta v, \delta w$ 在 V 中和表面上 S_σ 任意取值，可得

$$\begin{cases} \dfrac{\partial \sigma_x}{\partial x} + \dfrac{\partial \tau_{xy}}{\partial y} + \dfrac{\partial \tau_{zx}}{\partial z} + f_x = 0 \\[2mm] \dfrac{\partial \tau_{xy}}{\partial x} + \dfrac{\partial \sigma_y}{\partial y} + \dfrac{\partial \tau_{yz}}{\partial z} + f_y = 0, \ \text{在} V \text{中} \\[2mm] \dfrac{\partial \tau_{zx}}{\partial x} + \dfrac{\partial \tau_{yz}}{\partial y} + \dfrac{\partial \sigma_z}{\partial z} + f_z = 0 \end{cases} \qquad (2\text{-}30)$$

$$\begin{cases} n_x\sigma_x + \tau_{xy}n_y + \tau_{zx}n_z = \overline{f} \\[2mm] \tau_{xy}n_x + n_y\sigma_y + \tau_{yz}n_z = \overline{f} \ , \ \text{在} S_\sigma \text{上} \\[2mm] \tau_{zx}n_x + \tau_{yz}n_y + n_z\sigma_z = \overline{f} \end{cases}$$

由于

$$\Pi = V_\varepsilon - \iiint_V (f_x u + f_y v + f_z w)\mathrm{d}x\mathrm{d}y\mathrm{d}z -$$
$$\iint_{S_\sigma} (\overline{f}_x u + \overline{f}_y v + \overline{f}_z w)\mathrm{d}S \qquad (2\text{-}31)$$

可证明

$$\delta^2\Pi = \delta^2 V_\varepsilon = \iiint_V \delta^2 v_\varepsilon \mathrm{d}x\mathrm{d}y\mathrm{d}z$$

$$= \iiint_V \delta^2 \left[\frac{E}{2(1+\nu)} \left(\frac{\nu}{1-2\nu} \theta^2 + (\varepsilon_x^2 + \varepsilon_y^2 + \varepsilon_z^2) + \frac{1}{2}(\gamma_{yz}^2 + \gamma_{zx}^2 + \gamma_{xy}^2) \right) \right] \mathrm{d}x\mathrm{d}y\mathrm{d}z$$

$$= \frac{E}{(1+\nu)} \iiint_V \left[\frac{\nu}{1-2\nu} (\delta\theta)^2 + (\delta\varepsilon_x)^2 + (\delta\varepsilon_y)^2 + (\delta\varepsilon_z)^2 \right] \mathrm{d}x\mathrm{d}y\mathrm{d}z +$$

$$\frac{E}{2(1+\nu)} \iiint_V [(\delta\gamma_{yz})^2 + (\delta\gamma_{zx})^2 + (\delta\gamma_{xy})^2] \mathrm{d}x\mathrm{d}y\mathrm{d}z > 0$$

（2-32）

2.3　有限元法求解问题的基本步骤

弹性力学中的有限元法是一种数值计算方法，对于不同物理性质和数学模型的问题，有限元法的基本步骤是相同的，只是具体方式推导和运算求解不同，有限元求解问题的基本步骤如下。

2.3.1　问题的分类

求解问题的第一步就是对它进行识别分析，找出它包含的更深层次的物理问题是什么，比如是静力学还是动力学，是否包含非线性，是否需要迭代求解，要从分析中得等到什么结果等。对这些问题的回答会加深对问题的认识与理解，直接影响到以后的建模与求解方法的选取等。

2.3.2　建模

在进行有限元离散化和数值求解之前，先要为分析问题设计计算模型，这一步包括决定哪种特征是所要讨论的重点问题，以便忽略不必要的细节，并决定采用哪种理论或数学公式描述结果的行为。因此，可以忽略几何不规则性，将一些载荷看作是集中载荷，并将某些支撑看作固定的。材料可以理想化为线弹性和各向同性的。根据问题的维数、载荷以及理论化的边界条件，能够决定采用梁理论、板弯曲理论、平面弹性理论或者一些其他分析理论描述结构性能。在求解中运用分析理论简化问题，建立问题的模型。

2.3.3　连续体离散化

连续体离散化，习惯上称为有限元网络划分，即将连续体划分为有限个具有规则形状的单元的集合，两个相邻单元之间只通过若干点相互连接，每个连接点称为结点。单元结点的设置、性质、数目等应视问题的性质、描述变形的需要和计算精度而定，如二维连续体的单元可为三角形、四边形，三维连续体的单元可以是四面体、长方体和六面体等。为合理有效地表示连续体，需要适当选择单元的类型、数目、大小和排列方式。

离散化模型与原来模型的区别在于单元之间只通过结点相互连接、相互作用，而无其他连接，因此这种连接要满足变形协调条件。离散化是将一个无限多自由度的连续体转化为一个有限多自由度的离散体过程，因此必然引起误差。主要有两类，即建模误差和离散化误差。建模误差可以通过改善模型来减少，离散化误差可通过增加单元数目来减少。因此当单元数目较多，模型与实际比较接近时，所得的分析结果就与实际情况比较接近。

2.3.4 单元分析

1. 选择位移模式

在有限元法中，选择结点位移作为基本未知量时称为位移法；选择结点力作为基本未知量时称为力法；取一部分力一部分结点位移作为基本未知量时称为混合法。与力法相比，位移法具有易于实现计算机自动化的优点，因此，在有限元法中，位移法应用最广。如采用位移法计算，单元内的物理量，如位移、应力、应变就可以通过结点位移来描述，下面详细介绍如何建立位移函数。

按照有限元分片插值思想，首先假设一种函数近似表示单元内部的实际位移分布，该函数称为位移函数，又称为位移模式。结构离散化后，要用单元的结点位移通过插值来获得单元内各点的位移。在有限元法中，通常都是假定单元的位移模式是多项式，一般来说，单元位移多项式的项数应与单元的自由度数相等。它的阶数至少包含常数项和一次项，至于高次项要选取多少项，则应视单元的类型而定。单元内任一点的位移矩阵 $\{f\}$ 可以表示为

$$\{f\} = [N]\{\delta\}^e \tag{2-33}$$

式中，$\{f\}$ 为单元内任一点的位移列阵；$\{\delta\}^e$ 为单元内结点位移列阵；$[N]$ 为单元的形函数矩阵（它的元素是任一点位置坐标的函数）。

推导过程如下：

假设采用三角形单元，把弹性体划分为有限个互不重叠的三角形。这些三角形在其顶点（即结点）处互相连接，组成一个单元集合体，以替代原来的弹性体。同时，将所有作用在单元上的载荷（包括集中载荷、表面载荷和体积载荷），都按虚功等效的原则移置结点上，成为等效结点载荷。由此便得到了平面问题的有限元计算模型。

1）结构的离散如图 2-2 所示。

2）单元分析的任务是形成单元刚度矩阵，建立单元特性方程，图 2-3 所示为三角形三结点单元。

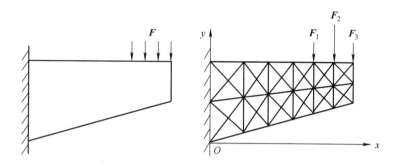

图 2-2　结构的离散

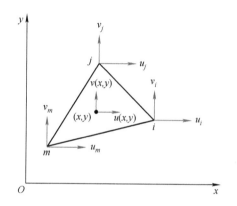

图 2-3　三角形三结点单元

假定三角形单元的位移模式为

$$\{\boldsymbol{\delta}\}^e = [\boldsymbol{\delta}_i^T \quad \boldsymbol{\delta}_j^T \quad \boldsymbol{\delta}_m^T]^T = [\boldsymbol{u}_i \quad \boldsymbol{v}_i \quad \boldsymbol{u}_j \quad \boldsymbol{v}_j \quad \boldsymbol{u}_m \quad \boldsymbol{v}_m]^T \qquad (2\text{-}34)$$

式中，$\{\boldsymbol{\delta}_i\} = [\boldsymbol{u}_i \quad \boldsymbol{v}_i]^T$（$i$，$j$，$m$ 轮换）。

选取位移函数应考虑位移函数是坐标的函数，结点所具有的位移分量的数量称为结点自由度（DoF），一个单元所有结点自由度的总和称为单元自由度。一个三结点三角形单元有 6 个自由度，可以确定 6 个待定系数，所以单元内任意一点的位移可以表示为

$$\{\boldsymbol{f}\} = \begin{Bmatrix} \boldsymbol{u} \\ \boldsymbol{v} \end{Bmatrix}, \quad \begin{cases} u(x,y) = \alpha_1 + \alpha_2 x + \alpha_3 y \\ v(x,y) = \alpha_4 + \alpha_5 x + \alpha_6 y \end{cases} \qquad (2\text{-}35)$$

则三角形单元中的结点位移如下：

$$\{\delta\}^e = \left\{ \begin{matrix} \delta_i \\ \delta_j \\ \delta_m \end{matrix} \right\} = \left\{ \begin{matrix} u_i \\ v_i \\ u_j \\ v_j \\ u_m \\ v_m \end{matrix} \right\} \qquad (2\text{-}36)$$

建立单元内任意点的位移与结点位移的关系，单元结点坐标为 (x_i, y_i)，(x_j, y_j)，(x_m, y_m)，将结点位移和结点坐标式（2-36）带入位移函数式（2-35）得

$$\begin{cases} u_i = \alpha_1 + \alpha_2 x_i + \alpha_3 y_i \\ u_j = \alpha_1 + \alpha_2 x_j + \alpha_3 y_j \\ u_m = \alpha_1 + \alpha_2 x_m + \alpha_3 y_m \\ v_i = \alpha_4 + \alpha_5 x_i + \alpha_6 y_i \\ v_j = \alpha_4 + \alpha_5 x_j + \alpha_6 y_j \\ v_m = \alpha_4 + \alpha_5 x_m + \alpha_6 y_m \end{cases} \qquad (2\text{-}37)$$

以求解 $\alpha_1, \alpha_2, \alpha_3$ 为例，根据克莱姆法则，可求出

$$\alpha_1 = \frac{|A_1|}{|A|} \qquad \alpha_2 = \frac{|A_2|}{|A|} \qquad \alpha_3 = \frac{|A_3|}{|A|} \qquad (2\text{-}38)$$

式中

$$|A| = \begin{vmatrix} 1 & x_i & y_i \\ 1 & x_j & y_j \\ 1 & x_m & y_m \end{vmatrix} = 2\Delta \qquad |A_1| = \begin{vmatrix} u_i & x_i & y_i \\ u_j & x_j & y_j \\ u_m & x_m & y_m \end{vmatrix}$$

$$|A_2| = \begin{vmatrix} 1 & u_i & y_i \\ 1 & u_j & y_j \\ 1 & u_m & y_m \end{vmatrix} \qquad |A_3| = \begin{vmatrix} 1 & x_i & u_i \\ 1 & x_j & u_j \\ 1 & x_m & u_m \end{vmatrix}$$

展开后

$$|\boldsymbol{A}_1| = u_i \begin{vmatrix} x_j & y_j \\ x_m & y_m \end{vmatrix} - u_j \begin{vmatrix} x_i & y_i \\ x_m & y_m \end{vmatrix} + u_m \begin{vmatrix} x_i & y_i \\ x_j & y_j \end{vmatrix}$$

$$= u_i a_i + u_j a_j + u_m a_m$$

$$|\boldsymbol{A}_2| = -u_i \begin{vmatrix} 1 & y_j \\ 1 & y_m \end{vmatrix} + u_j \begin{vmatrix} 1 & y_i \\ 1 & y_m \end{vmatrix} - u_m \begin{vmatrix} 1 & y_i \\ 1 & y_j \end{vmatrix}$$

$$= u_i b_i + u_j b_j + u_m b_m$$

$$|\boldsymbol{A}_3| = u_i \begin{vmatrix} 1 & x_j \\ 1 & x_m \end{vmatrix} - u_j \begin{vmatrix} 1 & x_i \\ 1 & x_m \end{vmatrix} + u_m \begin{vmatrix} 1 & x_i \\ 1 & x_j \end{vmatrix}$$

$$= u_i c_i + u_j c_j + u_m c_m$$

式中，$a_i = x_j y_m - x_m y_j$；$b_i = y_j - y_m$；$c_i = x_m - x_j$。

经数学推导可得

$$u(x, y) = \alpha_1 + \alpha_2 x + \alpha_3 y$$

$$= \frac{1}{2\Delta}[(u_i a_i + u_j a_j + u_m a_m) + x(u_i b_i + u_j b_j + u_m b_m) + y(u_i c_i + u_j c_j + u_m c_m)] \quad （2\text{-}39）$$

$$= \frac{1}{2\Delta}[(a_i + b_i x + c_i y)u_i + (a_j + b_j x + c_j y)u_j + (a_m + b_m x + c_m y)u_m]$$

令 $N_i(x, y) = \dfrac{1}{2\Delta}(a_i + b_i x + c_i y) \quad (i, j, m)$

可得 $\qquad\qquad u = N_i u_i + N_j u_j + N_m u_m = \displaystyle\sum_{i,j,m} N_i u_i \qquad\qquad （2\text{-}40）$

式中，N_i 为单元的形函数。

同理可解出 α_4, α_5, α_6。

$$v(x, y) = \alpha_4 + \alpha_5 x + \alpha_6 y$$

$$= \frac{1}{2\Delta}[(v_i a_i + v_j a_j + v_m a_m) + x(v_i b_i + v_j b_j + v_m b_m) + y(v_i c_i + v_j c_j + v_m c_m)] \quad （2\text{-}41）$$

$$= \frac{1}{2\Delta}[(a_i + b_i x + c_i y)v_i + (a_j + b_j x + c_j y)v_j + (a_m + b_m x + c_m y)v_m]$$

式（2-25）可以写成

$$v = N_i v_i + N_j v_j + N_m v_m = \sum_{i,j,m} N_i v_i \tag{2-42}$$

写成矩阵形式为

$$\{f\} = \begin{Bmatrix} u \\ v \end{Bmatrix} = \begin{bmatrix} N_i & 0 & N_j & 0 & N_m & 0 \\ 0 & N_i & 0 & N_j & 0 & N_m \end{bmatrix} \begin{Bmatrix} u_i \\ v_i \\ u_j \\ v_j \\ u_m \\ v_m \end{Bmatrix}^e \tag{2-43}$$

所以，单元的位移模式如下：

$$\{f\} = [N]\{\delta\}^e \tag{2-44}$$

2. 分析单元的力学性质

根据单元的材料性质、形状、尺寸、结点数目、位移和含义等，应用弹性力学中的几何方程和物理方程来建立结点载荷和结点位移的方程式，导出单元的刚度矩阵。设结点载荷向量用 P^e 表示，结点位移向量用 Δ^e 表示，则单元的载荷和位移的关系式为

$$P^e = [K]^e \Delta^e \tag{2-45}$$

式中，$[K]^e$ 为单元刚度矩阵。

由于 $\{\varepsilon\} = \begin{Bmatrix} \varepsilon_x \\ \varepsilon_y \\ \gamma_{xy} \end{Bmatrix}$，根据几何方程 $\{\varepsilon\} = \begin{Bmatrix} \varepsilon_x \\ \varepsilon_y \\ \gamma_{xy} \end{Bmatrix} = \begin{Bmatrix} \dfrac{\partial u}{\partial x} \\ \dfrac{\partial u}{\partial y} \\ \dfrac{\partial u}{\partial y} + \dfrac{\partial u}{\partial x} \end{Bmatrix}$，可得

$$\frac{\partial u}{\partial x} = \frac{1}{2\Delta}(b_i u_i + b_j u_j + b_m u_m)$$

$$\frac{\partial u}{\partial y} = \frac{1}{2\Delta}(c_i v_i + c_j v_j + c_m u_m)$$

$$\frac{\partial u}{\partial y} + \frac{\partial u}{\partial x} = \frac{1}{2\Delta}(c_i v_i + c_j v_j + c_m v_m) + \frac{1}{2\Delta}(b_i u_i + b_j u_j + b_m u_m)$$　　（2-46）

写成矩阵形式为

$$\{\boldsymbol{\varepsilon}\} = \frac{1}{2\Delta}\begin{bmatrix} b_i & 0 & b_j & 0 & b_m & 0 \\ 0 & c_i & 0 & c_j & 0 & c_m \\ c_i & b_i & c_j & b_j & c_m & b_m \end{bmatrix}\begin{Bmatrix} u_i \\ v_j \\ u_i \\ v_j \\ u_i \\ v_j \end{Bmatrix} = [\boldsymbol{B}]\{\boldsymbol{\delta}\}^e$$　　（2-47）

矩阵 $\boldsymbol{B}$ 称为几何矩阵

$$[\boldsymbol{B}] = \begin{bmatrix} B_i & B_j & B_m \end{bmatrix}$$　　（2-48）

其中，$[\boldsymbol{B}] = \dfrac{1}{2\Delta}\begin{bmatrix} b_i & 0 \\ 0 & c_i \\ c_i & b_i \end{bmatrix}(i = i, j, m)$。

　　因此单元内任一点的应变是结点位移的函数，$[\boldsymbol{B}]$ 是常数，所以三角形单元是长应变单元。

　　根据弹性方程 $\{\boldsymbol{\sigma}\} = [\boldsymbol{D}]\{\boldsymbol{\varepsilon}\}$：

$$\{\boldsymbol{\sigma}\} = [\boldsymbol{D}][\boldsymbol{B}]\{\boldsymbol{\delta}\}^e$$　　（2-49）

令 $[\boldsymbol{S}] = [\boldsymbol{D}][\boldsymbol{B}]$，其中 $[\boldsymbol{S}]$ 为应力矩阵，把 $[\boldsymbol{S}]$ 矩阵分块，得

$$[\boldsymbol{S}] = \{[\boldsymbol{D}][B_i] \quad [\boldsymbol{D}][B_j] \quad [\boldsymbol{D}][B_m]\}$$　　（2-50）

其中，$[\boldsymbol{S}_i] = [\boldsymbol{D}][\boldsymbol{B}_i](i = i, j, m)$。

　　对于平面应力情况：

$$[\boldsymbol{S}_i] = \frac{E}{2(1-\mu^2)\Delta}\begin{bmatrix} b_i & \mu c_i \\ \mu b_i & c_i \\ \dfrac{1-\mu}{2}c_i & \dfrac{1-\mu}{2}b_i \end{bmatrix}(i = i, j, m)$$　　（2-51）

对于平面应变情况：

$$E = \frac{E}{1-\mu^2}, \quad \mu = \frac{\mu}{1-\mu^2}$$

$$[S_i] = \frac{E(1-\mu)}{2(1+\mu)(1-2\mu)\varDelta} \begin{bmatrix} b_i & \dfrac{\mu}{1-\mu} c_i \\ \dfrac{\mu}{1-\mu} b_i & c_i \\ \dfrac{1-2\mu}{2(1-\mu)} c_i & \dfrac{1-2\mu}{2(1-\mu)} b_i \end{bmatrix} (i=i,j,m) \qquad (2\text{-}52)$$

可知，三角形单元中的应力各处相等。

3. 计算等效结点载荷

连续体离散化后，力通过结点从一个单元传递到另一个单元。但在实际的连续体中，力是由一个单元传递到另一个单元的，故要把作用在单元边界上的表面力、体积力或集中力等效地移到结点上，即用等效的结点力来代替所有在单元上的力。

载荷移置遵循能量等效原则，即原载荷与移置产生的结点载荷在虚位移上所做的虚功相等。对于给定的位移函数这种移置的结果是唯一的，在线性位移函数情况下，也可按静力等效原则进行移置。

载荷移置是在结构的局部区域内进行的。根据圣维南原理，这种移置可能在局部产生误差，但不会影响整个结构的力学特性。

（1）集中力的移置

集中力的移置是面力和体力移置的基础。如图2-3所示，设平面单元 e 中某一点（x，y）受集中力 $\{P_c\}$，$\{P_c\} = \{p_{cx} \quad p_{cy}\}^T$。

设 $\{P_c\}$ 移置后产生的等效结点载荷为 $\{R\}_{P_c}^e = \{R_{ix} \quad R_{iy} \quad R_{jx} \quad R_{jy} \quad R_{mx} \quad R_{my}\}^T$，如果结点发生虚位移 $\{\delta q\}^e$，则单元内任一点的虚位移为 $\{\delta d\}^e = [N]\{\delta q\}^e$，集中力 $\{P_c\}$ 所做的虚功为 $\{\delta d\}^{eT}\{P_c\}$，等效结点载荷所做的虚功为 $\{\delta q\}^{eT}\{R\}_{P_c}^e$。根据能量等效原则，有 $\{\delta q\}^{eT}\{R\}_{P_c}^e = \{\delta d\}^{eT}\{P_c\} = \{\delta q\}^{eT}[N]^T\{P_c\}$。由于虚位移是任意的，故可从上式两边同时消去，则有 $\{R\}_{P_c}^e = [N]^T\{P_c\}$。

也可写成 $\{R\}_{P_c}^e = \begin{Bmatrix} R_i \\ R_j \\ R_m \end{Bmatrix}_{P_c}^e = \begin{Bmatrix} N_i\{P_c\} \\ N_j\{P_c\} \\ N_m\{P_c\} \end{Bmatrix}$。

即载荷移置的结果仅与单元形函数有关，当形函数确定后，移置的结果是唯一的。

（2）面力的移置

设厚度为 t 的平面单元单位面积上作用的面力为 $\{\boldsymbol{P}_s\} = \left\{ \begin{array}{cc} \boldsymbol{P}_{sx} & \boldsymbol{P}_{sy} \end{array} \right\}$，如图 2-4 所示。面力作用在棱边上，但实际单元有一定厚度。将微元面积 $\mathrm{d}A = t\mathrm{d}l$ 上的面力 $\{\boldsymbol{P}_s\}\,\mathrm{d}A$ 视为集中力，利用式 $\{\boldsymbol{R}\}_{P_c}^e = [N]^{\mathrm{T}}\{\boldsymbol{P}_c\}$ 并积分可得，面力等效移置结点载荷为 $\{\boldsymbol{R}\}_{P_c}^e = \int [N]^{\mathrm{T}}\{\boldsymbol{P}_s\}t\mathrm{d}l$。也可写成 $\{\boldsymbol{R}\}_{P_c}^e = \left\{ \begin{array}{c} R_i \\ R_j \\ R_m \end{array} \right\}_{P_c}^e = \left\{ \begin{array}{c} \int N_i\{\boldsymbol{P}_s\}t\mathrm{d}l \\ \int N_j\{\boldsymbol{P}_s\}t\mathrm{d}l \\ \int N_m\{\boldsymbol{P}_s\}t\mathrm{d}l \end{array} \right\}$。而根据形函数特点，有 $N_m = 0$，即 $\{\boldsymbol{R}\}_{P_c}^e = 0$

因此，在 ij 边上作用的面力只能移置该边的两个结点上。

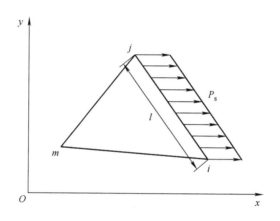

图 2-4 三角形平面单元

（3）体力的移置

设单元单位体积内作用的体力为 $\{P_v\} = \{ \begin{array}{cc} P_{vx} & P_{vy} \end{array} \}$。若将微元体 $t\mathrm{d}x\mathrm{d}y$ 上的体力 $\{\boldsymbol{P}_v\}t\mathrm{d}x\mathrm{d}y$ 视为集中力，则利用式 $\{\boldsymbol{R}\}_{P_c}^e = [N]^{\mathrm{T}}\{\boldsymbol{P}_c\}$ 并积分可得，体力等效移置结点载荷为 $\{\boldsymbol{R}\}_{P_v}^e = \iint [N]^{\mathrm{T}}\{\boldsymbol{P}_v\}t\mathrm{d}x\mathrm{d}y$，也可写成 $\{\boldsymbol{R}\}_{P_v}^e = \left\{ \begin{array}{c} R_i \\ R_j \\ R_m \end{array} \right\}_{P_v}^e = \left\{ \begin{array}{c} \iint N_i\{\boldsymbol{P}_v\}t\mathrm{d}x\mathrm{d}y \\ \iint N_j\{\boldsymbol{P}_v\}t\mathrm{d}x\mathrm{d}y \\ \iint N_m\{\boldsymbol{P}_v\}t\mathrm{d}x\mathrm{d}y \end{array} \right\}$。

根据叠加原理，一单元上总结点载荷为上述三种载荷移置结果之和，即 $\{\boldsymbol{R}\}^e = \{\boldsymbol{R}\}_{P_c}^e + \{\boldsymbol{R}\}_{P_s}^e + \{\boldsymbol{R}\}_{P_v}^e$。若一个结点与多个单元相关，则结点载荷应为所有

相关单元向该结点移置的载荷叠加，即 $\{R\} = \sum\limits_{e=1}^{n_e} \{R\}^e$。

2.3.5　组成物体的整体方程组

在讨论了单元的力学特性之后，就可转入结构的整体分析。假设弹性体被划分为 N 个单元和 n 个结点，对每个单元按前述方法进行分析计算，便可得到 N 组的方程。将这些方程集合起来，就可得到表征整个弹性体的平衡关系式。为此，先引入整个弹性体的结点位移列阵它是由各结点位移按结点号码以从小到大的顺序排列组成，即

$$\{\delta\}_{2n\times1} = \begin{bmatrix} \delta_1^{\mathrm{T}} & \delta_2^{\mathrm{T}} & \cdots & \delta_n^{\mathrm{T}} \end{bmatrix}^{\mathrm{T}} \tag{2-53}$$

其中，子矩阵

$$\{\delta_i\} = \begin{bmatrix} u_i & v_i \end{bmatrix}^{\mathrm{T}} \qquad (i=1,\ 2,\ \cdots,\ n)$$

是结点 i 的位移分量。

继而再引入整个弹性体的载荷列阵 $\{R\}_{2n\times1}$，它是移置结点上的等效结点载荷依结点号码从小到大的顺序排列组成，即

$$\{R\}_{2n\times1} = \begin{bmatrix} R_1^{\mathrm{T}} & R_2^{\mathrm{T}} & \cdots & R_n^{\mathrm{T}} \end{bmatrix}^{\mathrm{T}} \tag{2-54}$$

其中，子矩阵

$$\{R_i\} = \begin{bmatrix} X_i & Y_i \end{bmatrix}^{\mathrm{T}} = \begin{bmatrix} \sum\limits_{e=1}^{N} U_i^e & \sum\limits_{e=1}^{N} V_i^e \end{bmatrix}^{\mathrm{T}} \quad (i=1,2,\cdots,n)$$

是结点 i 上的等效结点载荷。

现将各单元的结点力列阵 $\{R\}^e_{6\times1}$ 加以扩充，使之成为 $2n\times1$ 阶列阵

$$\{R\}^e_{2n\times1} = \begin{bmatrix} 1 & \cdots & \overset{i}{(R_i^e)^{\mathrm{T}}} & \cdots & \overset{j}{(R_j^e)^{\mathrm{T}}} & \cdots & \overset{m}{(R_m^e)^{\mathrm{T}}} & \cdots & n \end{bmatrix}^{\mathrm{T}} \tag{2-55}$$

其中，子矩阵

$$\{R_i\} = \begin{bmatrix} U_i^e & V_i^e \end{bmatrix}^{\mathrm{T}} (i,\ j,\ m\ 轮换)$$

是单元节点 i 上的等效结点力。

上式中的省略号处的元素均为零，矩阵号上面的 i、j、m 表示在分块矩阵

意义下 R_i 所占的列的位置。此处假定了 i、j、m 的次序也是从小到大排列的，并且与结点号码的排序一致。各单元的结点力列阵经过这样的扩充之后就可以进行相加，把全部单元的结点力列阵叠加在一起，便可得到弹性体的载荷列阵，即

$$\{\boldsymbol{R}\} = \sum_{e=1}^{N} \{\boldsymbol{R}\}^e = \begin{bmatrix} \boldsymbol{R}_1^{\mathrm{T}} & \boldsymbol{R}_2^{\mathrm{T}} & \cdots & \boldsymbol{R}_n^{\mathrm{T}} \end{bmatrix}^{\mathrm{T}} \tag{2-56}$$

这是由于相邻单元公共边内力引起的等效结点力，在叠加过程中必然会全部相互抵消，所以只剩下载荷所引起的等效结点力。

同样，将单元刚度矩阵的六阶方阵 $[\boldsymbol{k}]$ 加以扩充，使之成为 $2n$ 阶的方阵

$$\{\boldsymbol{k}\}_{2n\times 2n} = \begin{bmatrix} 1 & & i & & j & & m & & n \\ \cdots & \cdots & \cdots & \cdots & \cdots & \cdots & \cdots & \cdots & \cdots \\ \vdots & & \vdots & & \vdots & & \vdots & & \vdots \\ \cdots & \cdots & k_{ii} & \cdots & k_{ij} & \cdots & k_{im} & \cdots & \cdots \\ & & \vdots & & \vdots & & \vdots & & \\ \cdots & & k_{ji} & \cdots & k_{jj} & \cdots & k_{jm} & \cdots & \cdots \\ & & \vdots & & \vdots & & \vdots & & \\ \cdots & & k_{mi} & \cdots & k_{mj} & \cdots & k_{mm} & \cdots & \cdots \\ & & \vdots & & \vdots & & \vdots & & \\ \cdots & & \cdots & & \cdots & & \cdots & & \cdots \end{bmatrix} \begin{matrix} 1 \\ \\ \\ i \\ \\ j \\ \\ m \\ \\ n \end{matrix} \tag{2-57}$$

不难看出，上式中的 $2n \times 2n$ 阶子矩阵 $[k_{ij}]$ 将处于上式中的第 i 双行、第 j 双列中。

考虑到 $[\boldsymbol{k}]$ 扩充以后，除了对应的 i，j，m 双行和双列上的九个子矩阵之外，其余元素均为零，故单元位移列阵便可用整体的位移列阵来替代。这可改写为

$$[\boldsymbol{k}]_{2n\times 2n} \{\boldsymbol{\delta}\}_{2n\times 1} = \{\boldsymbol{R}\}_{2n\times 1}^e \tag{2-58}$$

把上式对 N 个单元进行求和叠加，得

$$\left(\sum_{e=1}^{N} [\boldsymbol{k}] \right) \{\boldsymbol{\delta}\} = \sum_{e=1}^{N} \{\boldsymbol{R}\}^e \tag{2-59}$$

上式左边就是弹性体所有单元刚度矩阵的总和，称为弹性体的整体刚度矩阵（或简称为总刚），记为 $[\boldsymbol{K}]$。

$$[\boldsymbol{K}] = \sum_{e=1}^{N} [\boldsymbol{k}] = \sum_{e=1}^{N} \iint [\boldsymbol{B}]^{\mathrm{T}} [\boldsymbol{D}] [\boldsymbol{B}] t \mathrm{d}x \mathrm{d}y \tag{2-60}$$

若写成分块矩阵的形式，则

$$[\boldsymbol{K}] = \begin{bmatrix} \boldsymbol{K}_{11} & \cdots & \boldsymbol{K}_{1i} & \cdots & \boldsymbol{K}_{1j} & \cdots & \boldsymbol{K}_{1m} & \cdots & \boldsymbol{K}_{1n} \\ \vdots & & \vdots & & \vdots & & \vdots & & \vdots \\ \boldsymbol{K}_{i1} & \cdots & \boldsymbol{K}_{ii} & \cdots & \boldsymbol{K}_{ij} & \cdots & \boldsymbol{K}_{im} & \cdots & \boldsymbol{K}_{in} \\ \vdots & & \vdots & & \vdots & & \vdots & & \vdots \\ \boldsymbol{K}_{j1} & \cdots & \boldsymbol{K}_{ji} & \cdots & \boldsymbol{K}_{jj} & \cdots & \boldsymbol{K}_{jm} & \cdots & \boldsymbol{K}_{jn} \\ \vdots & & \vdots & & \vdots & & \vdots & & \vdots \\ \boldsymbol{K}_{m1} & \cdots & \boldsymbol{K}_{mi} & \cdots & \boldsymbol{K}_{mj} & \cdots & \boldsymbol{K}_{mm} & \cdots & \boldsymbol{K}_{mn} \\ \vdots & & \vdots & & \vdots & & \vdots & & \vdots \\ \boldsymbol{K}_{n1} & \cdots & \boldsymbol{K}_{ni} & \cdots & \boldsymbol{K}_{nj} & \cdots & \boldsymbol{K}_{nm} & \cdots & \boldsymbol{K}_{nn} \end{bmatrix} \qquad (2\text{-}61)$$

显然，其中的子矩阵为

$$[\boldsymbol{K}_{rs}]_{2\times2} = \sum_{e=1}^{N} [\boldsymbol{k}_{rs}], \ (r = 1, 2, \ldots, n;\ s = 1, 2, \ldots, n)$$

它是单元刚度矩阵扩充到 $2n \times 2n$ 阶之后，在同一位置上的子矩阵之和。由于式中许多位置上的子矩阵都是零，所以不必对全部单元求和，只有当 $[\boldsymbol{k}_{rs}]$ 的下角 $r = s$ 或者属于同一个单元的结点号码时，$[\boldsymbol{k}_{rs}]$ 才可能不等于零，否则均为零。由已知的单元刚度矩阵和单元等效结点载荷列阵集成得到整个结构的总刚度矩阵和结构载荷列阵，从而建立起整个结点载荷与结点位移的关系式：

$$[\boldsymbol{K}]\{\boldsymbol{\delta}\} = \{\boldsymbol{R}\} \qquad (2\text{-}62)$$

得到整个结构的平衡方程后，还需要考虑其边界条件或初始条件，才能求解上述方程组。

2.3.6 求解有限元方程和结果解释

求解前文所述的结构平衡方程。求解结果是单元结点处状态变量的近似值，对于计算结果的质量，将通过与设计准则提供的允许值比较来评价并确定是否需要重复计算。

简而言之，有限元分析可分成三个阶段，即前处理、求解和后处理。前处理是建立有限元模型，完成单元网格划分；后处理则是采集求解分析结果，使用户能简便提取信息，了解计算结果。

由于在实际工程问题中，结构件的几何形状、边界条件、约束条件和外载荷一般比较复杂，需要进行相应的简化。这种简化必须尽可能反映实际情况，且不会使计算过于复杂。在进行力学模型的简化时要注意以下几点：

1）判别实际结构属于哪一种类型，是属于一维问题、二维问题还是三维问题。如果是二维问题，要分清是平面应力问题还是平面变力问题，若能简化成平面问题的就不要用三维实体单元去分析。

2）注意实际结构的对称性，如果对称，则可以利用结构的对称性进行计算简化。

3）对实际机构建模时可以去掉一些不必要的细节，比如倒角等。

4）简化后的力学模型必须是静定结构或是超静定结构。

第 2 部分

通 用 建 模

坐标系及单位制

3.1 三维坐标

以汽车为例，三维坐标系用车辆制造厂设立的三个正交平面来定义，如图 3-1 所示。

车辆测量姿态由车辆所在支承面上的位置确定，放置车辆时使基准标记坐标与制造厂给定的值一致。

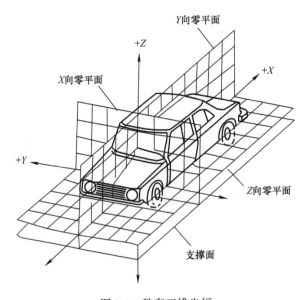

图 3-1 整车三维坐标

3.2　单位制

大部分 CAE 软件不检查单位制，也无检查功能，因此在分析中必须由用户来保持单位一致。分析模型应采用单一单位制，如 kg-mm-ms-kN-GPa 或者 ton-mm-s-N-MPa。如图 3-2 所示，方框内是常用单位制。

MASS	LENGTH	TIME	FORCE	STRESS	ENERGY	DENSITY	YOUNG's	Velocity (56.3KMPH)	GRAVITY
kg	m	s	N	Pa	Joule	7.83E+03	2.07E+11	15.65	9.806
kg	cm	s	1.e-02N			7.83E-03	2.07E+09	1.56E+03	9.81E+02
kg	cm	ms	1.e+04N			7.83E-03	2.07E+03	1.56	9.81E-04
kg	cm	us	1.e+10N			7.83E-03	2.07E-03	1.56E-03	9.81E-10
kg	mm	ms	KN	GPa	KN-mm	7.83E-06	2.07E+02	15.65	9.81E-03
gm	cm	s	dyne	dy/cm2	erg	7.83E+00	2.07E+12	1.56E+03	9.81E+02
gm	cm	us	1.e+07N	Mbar	1.e7Ncm	7.83E+00	2.07E+00	1.56E-03	9.81E-10
gm	mm	s	1.e-06N	Pa		7.83E-03	2.07E+11	1.56E+04	9.81E+03
gm	mm	ms	N	MPa	N-mm	7.83E-03	2.07E+05	15.65	9.81E-03
★ ton	mm	s	N	MPa	N-mm	7.83E-09	2.07E+05	1.56E+04	9.81E+03
lbfs2/in	in	s	lbf	psi	lbf-in	7.33E-04	3.00E+07	6.16E+02	386
slug	ft	s	lbf	psf	lbf-ft	15.2	4.32E+09	51.33	32.17
kgfs2/mm	mm	s	kgf	kgf/mm2	kgf-mm	8.02E-10	7.00E+02	1.56E+04	(Japan)
kg	mm	s	mN	1000Pa		7.83E-06	2.07E+08	9.81E+02	
gm	cm	ms		100000Pa		7.83E+00	2.07E+06		

图 3-2　软件内的单位制汇总

第 4 章

分 析 流 程

4.1 机械安全性分析流程

机械安全性常用分析流程如图 4-1 所示。

1）三维模型输入：将 CAE 分析的 CAD 数模导入有限元前处理软件，CAD 数模宜符合连接信息完整、模型无初始穿透干涉，其文件格式为 ".stp" 或 ".igs" 等。

2）模型简化及处理：应符合 5.8.2 节的要求。

3）网格划分：应符合 5.9 节的要求。

4）网格质量检查：应符合 5.10 节的要求。

5）模型创建：材料设置、属性设置应符合 6.1 和 6.2 节的要求；连接设置应符合 7.1 ~ 7.3 节的要求；边界条件设置、求解设置应符合 GB 38031—2020《电动汽车用动力蓄电池安全要求》或其他要求。

6）数值求解计算：选择计算所需求解器及算法，设置所需 CPU 核数和计算内存，提交软件计算。

7）计算问题解决：查找计算过程中出现的问题，并依次解决问题，再提交计算。

8）后处理：将计算结果导入后处理软件，查看计算结果，并对分析结果进行评判。

9）结构优化：对结果中不符合项进行结构优化分析，并返回到分析流程的初始阶段进行重新分析。

10）输出 CAE 分析结果：生成评估报告（包括计算结果的曲线、云图、动画等）。

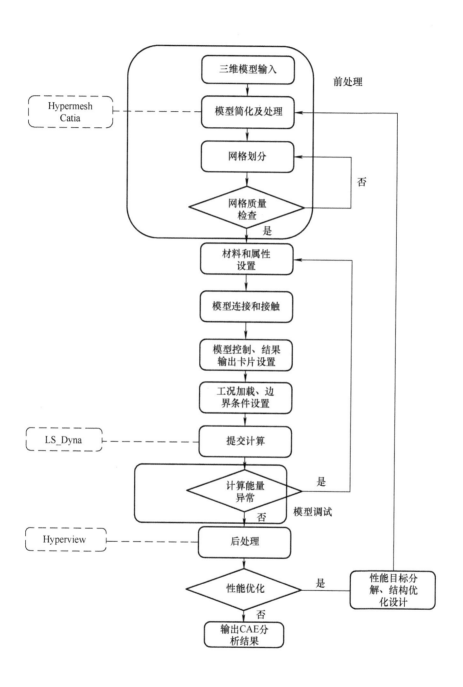

图 4-1 动力电池系统机械安全性 CAE 分析流程

4.2 机械可靠性分析流程

机械可靠性常用分析流程如图 4-2 所示。

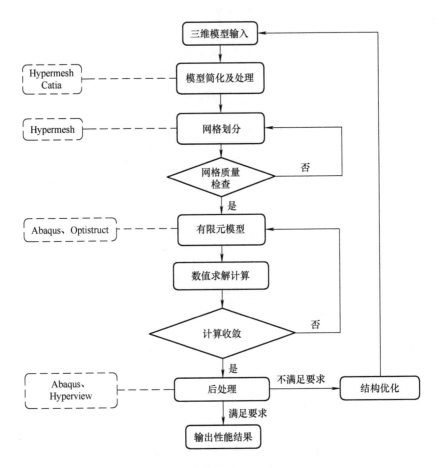

图 4-2　动力蓄电池系统机械可靠性 CAE 分析流程

1）三维模型输入：将 CAE 分析的 CAD 数模导入有限元前处理软件，CAD 数模宜符合连接信息完整、模型无初始穿透干涉，其文件格式为".stp"或".igs"等。

2）模型简化及处理：应符合 5.8.2 节的要求。

3）网格划分：应符合 5.9 节的要求。

4）网格质量检查：应符合 5.10 节的要求。

5）模型创建：材料设置、属性设置应符合 12.1 和 12.2 节的要求；连接设置应符合 13.1 ~ 13.3 节的要求；边界条件设置、求解设置应符合 GB 38031—

2020《电动汽车用动力蓄电池安全要求》或其他要求。

6）数值求解计算：选择计算所需求解器及算法（线性或非线性），设置所需 CPU 核数和计算内存，提交软件计算。

7）计算收敛：迭代过程中残差值小于设定容差值时，计算收敛，具体应按照 14.1 和 14.2 节要求调整边界条件设置、连接设置，并提交计算。

8）后处理：将计算结果导入后处理软件，查看计算结果（包括云图和结果曲线等），并对可靠性分析结果进行评判。

9）结构优化：需对后处理结果中的不符合项进行结构优化分析（通常包括灵敏度、形貌、拓扑及尺寸等），并返回到分析流程的初始阶段进行；

10）输出 CAE 分析结果：生成评估报告（包括计算结果的曲线、云图、动画等）。

第 5 章

模型前处理

5.1 建模步骤

CAE 共用模型建模，即将设计部门提供的 CAD 模型"转化"为可供 CAE 分析共同使用的有限元基础模型。工具：Hypermesh 或其他软件。基本建模步骤如下：

1）CAD 文件格式转换为 CAE 文件格式。

2）核对及修复模型。

3）组件（零件）名称更新。

4）单个组件网格划分。

5）单个组件网格质量检查。

6）组件（零件）赋材料属性、料厚等。

7）建立各组件（零件）间连接关系、接触对。

8）模型整体质量检查。

9）建模完成，提交文件。

5.2 文件命名

由于有限元软件运行时常不稳定，且软件操作只能撤销一步，致使误操作后无法返回，因此建模过程必须经常保存，建议分阶段另存为不同文件，以此减少意外时的损失。例如，模型分阶段保存为：**April-03-2014-01.hm，**April-03-2014-02.hm 等。

5.3 当前组和原始组

当前组是现操作生成的所有数模存放的组，在模型浏览器内当前组名以加粗标识（在组名上鼠标单击右键，选择 Make Current 即可设置为当前组）。

原始组为被操作单元所在的组，当前组和原始组可不为同一个组。

5.4　鼠标的使用

鼠标左键：执行选择操作

鼠标中键：确认（操作面板下的默认操作按钮的确认）

鼠标右键：在图形区中执行反向选择操作或取消前一步图形操作

Ctrl 键 + 鼠标左键（按住不放）：动态地旋转模型

Ctrl 键 + 鼠标左键（左键单击选择结点或硬点）：以所选点作为新的旋转中心

Ctrl 键 + 鼠标中键（上下滚动）：对鼠标指针所在区域进行放大或缩小

Ctrl 键 + 鼠标右键（按住不放）：以鼠标指针位置为抓取点平移模型

Shift 键 + 鼠标左键（按住不放）：框选选取对象

Shift 键 + 鼠标右键（按住不放）：框选撤销对象

Shift 键 + 鼠标左 / 右键（单击）：选择框选形式

5.5　常用快捷键

F1（帮助）　　　　　　　　　　Shift+ F1（改变颜色）

F2（删除命令）　　　　　　　　Shift+ F2（临时结点增加或删除）

F3（结点连接 / 合并）　　　　　Shift+ F3（自由边检查 / 容差内结点合并等）

F4（测量距离和角度）　　　　　Shift+ F4（平移）

F5（隐藏）　　　　　　　　　　Shift+ F5（搜索）

F6（手动创建、切分、合并单元）Shift+ F6（自动切分单元）

F7（结点特殊编辑操作）　　　　Shift+ F7（投影）

F8（创建结点）　　　　　　　　Shift+ F8（同 F7 功能）

F9（线编辑）　　　　　　　　　Shift+ F9（面编辑）

F10（单元质量检查）　　　　　　Shift+ F10（法向编辑）

F11（几何快速清理）　　　　　　Shift+ F11（模型转移组件）

F12（网格快速生成）　　　　　　Shift+ F12（单元平滑操作）

F 键（模型满屏显示）　　　　　0 键（软件基础设置选项）

D 键（网格 / 几何的显示 / 隐藏）Ctrl+T 键（几何模型透明度调节）

X 键（可视化）　　　　　　　　ESC 键（退出 / 返回上一级）

5.6　模型显示

为了更直观的查看模型，在 By 2D Topo ▼ ｜ By Comp ▼ 的模型几何拓扑状态下显示模型。模型表现形式如图 5-1 所示。在实际网格划分时开启 ▼ 模式。

1）自由边：即曲面边界，自由边只属于一个曲面，默认颜色为红色。在一个经过几何清理的模型中，自由边通常只存在于部件的外周或者环绕在内部孔洞的周围。

2）共享边：即曲面共用边界，共享边被两个相邻曲面所共有，默认颜色为绿色。

3）被抑制边：被抑制的边为两个相邻曲面所共有，但在划分网格时被忽略，不会生成结点，默认颜色为蓝色虚线。

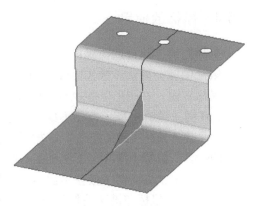

图 5-1　模型显示

4）T 形连接边：即叠加的共享边，表示此边界被三个或三个以上的曲面所共用，默认颜色为黄色。

相邻两曲面的自由边，当间距在 toggle 的容差之内时，可以单击鼠标左键 toggle 成共享边；反之，相邻两曲面的共享边，可以单击鼠标右键 toggle 成分属两曲面的两条自由边。

5.7　模型文件格式转换

设计部门通常使用 CATIA 等软件建模，其可导出多种文件格式模型。Hypermesh 2019 可支持大部分格式的模型，但为避免导入时产生意想不到的问题，建议把所有模型都转换成 stp 或 step 格式，然后再导入 Hypermesh 2019 当中。

1）模块选择：双击"　Hypermensh"图标打开软件界面，选择"Default（HyperMesh）"模块，如图 5-2 所示。

注：在此模块下完成的前处理，后续可直接切换至其他模块，如"LsDyna""OptiStruct"或"Nastran"等，开展相应的安全性或可靠性建模。

2）CAD 模型导入：如图 5-3 所示，保持默认设置即可。

3）保存为 Hypermesh 格式文件：单击下拉菜单 File-Save，保存格式为 *.hm。

4）组件、属性、材料等命名规则应协调一致：如"零件名 _ 材料牌号 _ 单元类型 _ 材料厚度"对应"HengLiang_AL6063_T6_Shell_T1.0"。

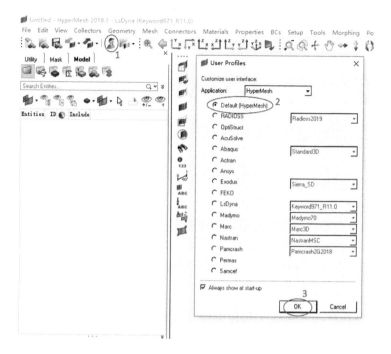

图 5-2　模块选择

图 5-3　CAD 模型导入

5.8 几何模型检查及处理

5.8.1 几何模型检查

此步骤主要目的是从整体层面查看模型、认识模型、筛选模型。

1）模型的拆分。目的：建模工作量合理分配，零件建模无重复、无缺漏。

2）建立整体概念。目的：了解各个零件的大致作用和各个零件之间的连接关系、相对运动方式等。从整体上有概念，了解每个件的作用，初步构思网格划分的处理方式。

3）查看有无干涉、有无重复零件、有无已废弃零件。

例如，一个零件已重新设计，而老版零件却没有在文件夹中删除，会导致一个零件有两个模型。经检查后，删除老版零件即可。

5.8.2 模型简化

模型简化总体原则：

1）电池包简化后要能正确反映部件的特性及运动关系，CAE 模型重量必须与实际电池包重量相等，CAE 模型的重心坐标必须与三维数模重心坐标相同。

2）完整电池包系统分析时，可以忽略系统内的线束等相关部件，其他如 BMS、BDU 和电气接插件等需按结构外包络绘制实体。

模型简化可参考图 5-4 ~ 图 5-15。

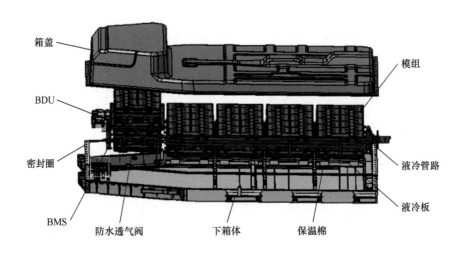

图 5-4　CAD 系统示意图（爆炸图）

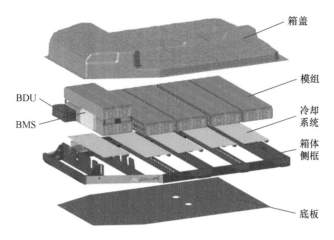

图 5-5　CAE 简化后的模型（爆炸图）

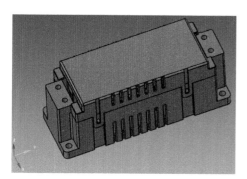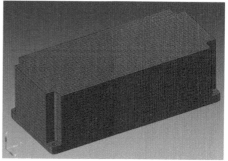

图 5-6　CAD 数模及简化后 BDU

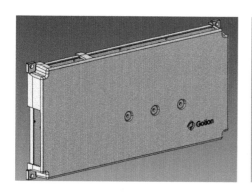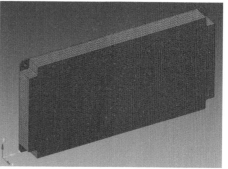

图 5-7　CAD 数模及简化后 BMS

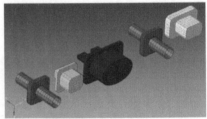

图 5-8　CAD 数模及简化后的接插件

图 5-9　端侧板模组的 CAD 模型

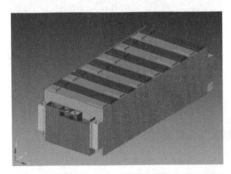
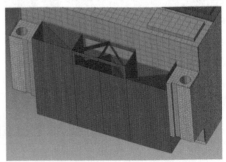

图 5-10　端侧板模组的 CAE 简化模型（端板可以采用 shell 单元和 solid 单元相结合）

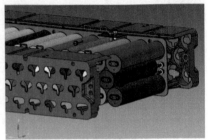

图 5-11　圆柱模组 CAD 数模

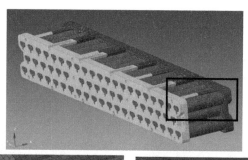

图 5-12　圆柱模组 CAE 简化后模型（电芯建模参考方形电芯）

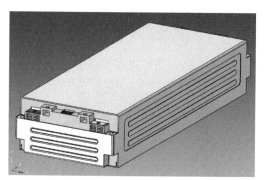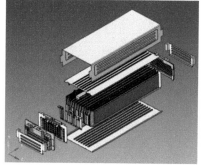

图 5-13　软包模组 CAD 数模

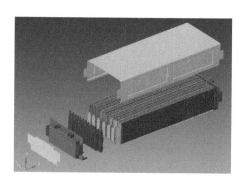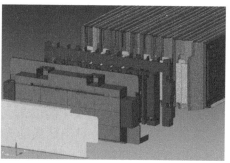

图 5-14　软包电芯 CAE 数模（端板和侧板按结构建模，中间电芯材料按轮廓建模）

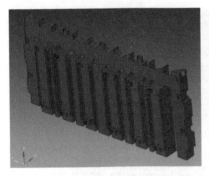
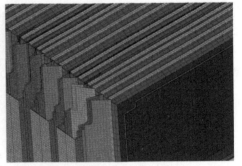

图 5-14 软包电芯 CAE 数模（端板和侧板按结构建模，中间电芯材料按轮廓建模）（续）

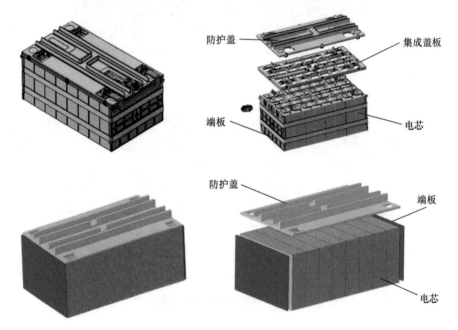

图 5-15 压条模组数模及 CAE 模型

5.8.3 几何处理

1. 缺失面的修补

当发生几何面丢失或叠加时，对问题曲面进行修补：采用 Geom—quick edit 或 F11 快捷键调出面板中的 filler surf: / delete surf: | line(s) / surf(s) |，进行补面删面操作。

当发生曲面错乱，对问题曲面先进行切割，再进行修补：采用 Geom—quick edit 或 F11 快捷键调出面板中的 split surf-node: / split surf-line: | node / node | node / line |，在曲面上从外围向内切分曲面，使错乱曲面面积尽可能缩小，最后删除此曲面，再补面。

2. 几何清理

采用 Geom—quick edit 或 F11 快捷键，调出面板中的

| toggle edge: | | line(s) | tolerance: | | 5e-02 | ，把一些不需要的线隐藏掉，以此

清理出规整的几何曲面。

采用 Geom—quick edit 或 F11 快捷键，调出面板中的

split surf-node:　node　node
split surf-line:　node　line
washer split:　line(s)　offset value:　0.100

，来添加辅助线切割曲面。

对于复杂构件，首先需要根据面的形状以及构件的特征将面分割为便于控制和划分的一些小面。再从一个小面入手进行网格绘制，接着绘制与其相连的面，以保证网格的连续性和规整性。

几何清理时的注意事项如下：

1）为了便于网格绘制，通常要保留零部件的基本特征，toggle 几何数据中非重要部位的特征线。

2）修复几何数据中不完整的面。

3）删除几何数据中除边界外的红线和黄线。

4）对整体进行几何清理，清除多余的自由边、T 形边和重复边，对残缺部分进行补全。

5）清除不必要的几何特征。

6）对共享边进行合并、切割调整。其中，对共享边进行调整时，在几何形状边角和边缘处的共享边需要进行保留，在平面内部的共享边可取消，共享边宜连续贯穿整个面。

7）螺栓孔周围需创建 Washer。

5.9　网格划分

网格单元一般原则如下：

1）针对电池包主要结构件，如箱体侧框、箱盖、加强筋、安装支架等，基本网格以 3 ~ 8mm 为基准，箱体整体网格单元尺寸控制在 1 ~ 10mm 之间；应力重点观察区域（螺栓孔附近、加强梁与箱体搭接区域等）可设置更小的单元尺寸基准，整体网格大小控制在 1 ~ 7mm 之间。

2）对于安装孔直径小于 5mm 的可忽略不计，R 小于 3mm 的倒角可忽略，其他按照标准网格尺寸进行控制。

5.9.1　2D 网格划分

1. 网格划分步骤

对于挤压型材或钣金件需抽取中性面，在模型树中生成 middle surface，然

后进行网格划分。采用 2D—automesh 或 F12 快捷键调出面板，控制其中的 element size 在 3 ~ 8mm 进行网格划分，如图 5-16 所示。

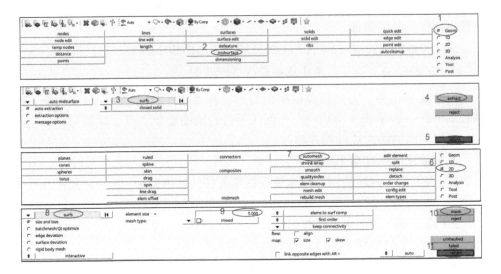

图 5-16　2D 网格划分面板

在网格调节时，如图 5-17 所示，线段上每两个硬点之间的结点数可调节，调节方式为：鼠标指针移动到结点数字上，单击左键结点数增加，单击右键结点数减少。

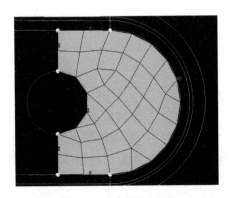

图 5-17　边界网格控制

2. 特征曲面网格划分

1）孔的处理。重要的孔须做 Washer 型网格，Washer 网格直径可以是孔径的 1 ~ 2 倍，如有垫片等明确的零件，则按照垫片尺寸确定网格直径，如图 5-18 所示。

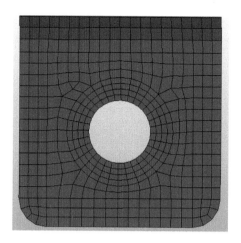

图 5-18 Washer 网格

2）在重要位置的圆面网格可参考如下处理，如图 5-19 所示。

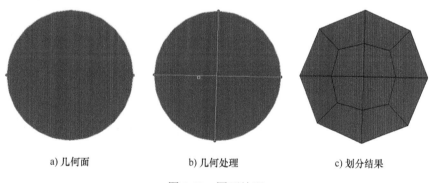

a) 几何面   b) 几何处理   c) 划分结果

图 5-19 圆面处理

3）在重要位置的凹坑网格可参考如下处理，如图 5-20 所示。

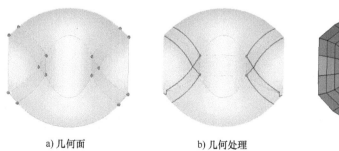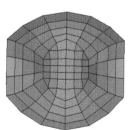

a) 几何面   b) 几何处理   c) 划分结果

图 5-20 凹坑网格处理

3.过渡圆角以及倒角的处理

1）在重要位置的顶部倒角网格可参考如图 5-21 所示处理，网格数量不小于 2 排。

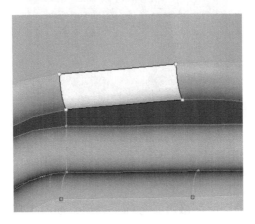

图 5-21　顶部倒角网格

2）当重要位置的翻边处倒角较大时，可考虑网格数量不少于 3 排，如图 5-22 所示。

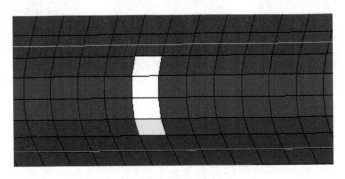

图 5-22　大倒角网格

5.9.2　3D 实体划分

对于厚度较大的挤压型材或铸件需划分为实体（六面体或四面体），如电池包中的电器件、模组端板等。

1）六面体网格划分：先采用 2D—automesh 或 F12 快捷键在表面绘制 2D 网格；然后采用 3D—solidmap—linedrag，在步骤 4 和 5 分别选择对应的 2D 网格，用步骤 6 选择扫掠的路径，如图 5-23 所示。

2）四面体网格划分：将模型进行几何清理，主要清理模型上非主要特征线，便于进行表面网格划分。四面体网格尺寸视零件大小而定，保留实体上螺栓孔。先采用 2D—automesh 或 F12 快捷键在表面绘制 2D 网格，形成封闭面；然后采用 3D—tetramesh—Tetra mesh，选择封闭的 2D 网格生成四面体单元，如图 5-24 所示。

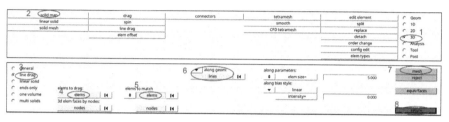

图 5-23　3D 六面体网格分划板

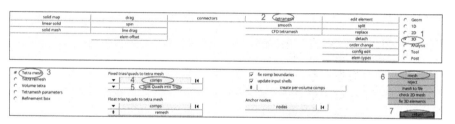

图 5-24　3D 四面体网格分划板

5.10　网格质量检查

图 5-25 所示为 1D、2D、3D 检查面板，圈出的参数为重点检查部分。

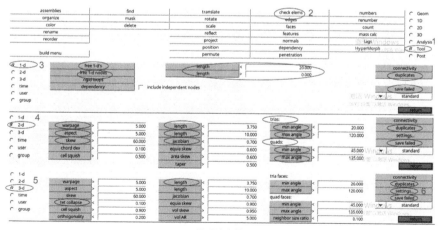

a) 2D 单元检查第 1~7 项

图 5-25　网格质量检查面板

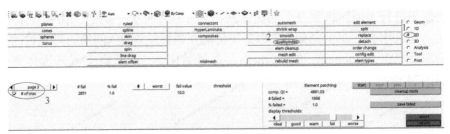

b) 2D单元检查第8项

图 5-25　网格质量检查面板（续）

5.10.1　1D 单元检查

1）检查 1D 单元是否存在自由结点（多用于检查 RB2 单元，不允许 RB2 存在自由结点）。

2）检查 Beam 类型焊接单元尺寸，最小尺寸避免出现单元长度为 0.0000000 的单元，以免影响计算正常运行。

3）检查单元是否存在重复（不允许有重复单元）。

5.10.2　2D 单元检查

1）Warpage ≤ 15；

2）Aspect ≤ 5；

3）Skew ≤ 60；

4）Length：1 ~ 10mm（根据特征可放宽最小尺寸）；

5）Jacobian > 0.6；

6）Trias：20° ~ 120°；

7）Quads：45° ~ 135°；

8）% of trias：<10%；

9）检查单元是否存在重复（不允许有重复单元）。

Washer 孔旁网格要求如图 5-26 所示。

注：网格检查各项含义如下：

1）翘曲度（Warpage）：用来衡量一个单元偏离平面的程度，仅适用于四边形单元。

改进前　　　　　　改进后

避免出现三角形点对Washer孔

图 5-26　Washer 孔旁网格要求

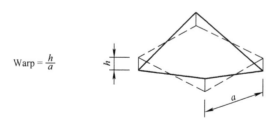

2）长宽比（Aspect Ratio）：单元最长边与该单元最短边之比。

3）扭曲度（Skew）：对于四边形单元，定义为 90° 的两条中线夹角的最小值。

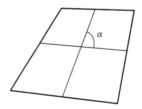

对于三角形单元，定义为 90° 的每个顶点与对边中点连线与两相邻边的中线夹角的最小值。

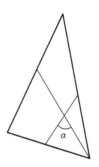

4）最小单元尺寸（Length）：用于检测一个单元的最小尺寸，对于四边形单元为最小边长，对于三角形单元为单元高。

5）雅克比（Jacobian）：评价一个单元偏离完美单元的程度。

6）三角形内角（Angle Tria）：用来检查单元单个内角的大小。

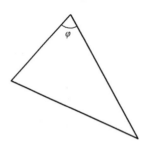

7）四边形内角（Angle Quad）：用来检查单元单个内角的大小。

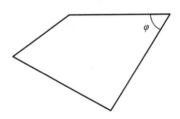

8）三角形单元占比（% of trias）：用于检测模型中三角形单元数量占总体单元数量的百分比。

5.10.3　3D 单元检查

1）Length：1～20mm（根据特征可放宽最小尺寸）；

2）Tet collapse：<0.2。

注：网格检查各项含义如下：

四面体坍塌比（tet collapse）：$\text{tet collapse} = 1.24 \dfrac{h}{A}$

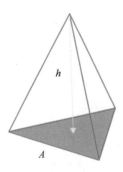

5.10.4　重复单元检查

可采用 Tool—check elems 或 F10 快捷键打开检查面板，通过"duplicates"检查重复单元，如图 5-27 所示。

图 5-27　重复单元检查

若存在重复单元，则在图 5-27 中的位置 4 会提示有几个，同时重复单元呈现白亮状态，此时可找到此单元并删除一个即可。

若模型较大无法找到，则可采用图 5-28 所示方式找到并显示。

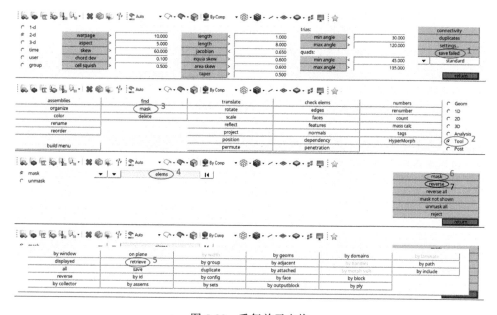

图 5-28　重复单元查找

也可以采用 Tool—find 或 Shirt+F5 快捷键打开查找面板，即在完成图 5-28 中的步骤 1 后，通过 "Tool—find—elems—retriev—find" 操作，找出单元号，通过放大模型，即可找出单元位置。

5.10.5　网格自由边界检查

除满足网格质量设置外，电池包系统内部单个零件单元之间不允许非零件外形轮廓的自由边界存在，除图示中红色自由边界外，内部网格结点应保证完全共结点，自由边界检查如图 5-29 所示，快捷键为 Shift+F3。

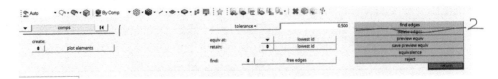

图 5-29　自由边界检查

单击选择需要查找自由边的零件，然后单击 find edges，则会出现红色轮廓线显示边界，如图 5-30 所示。

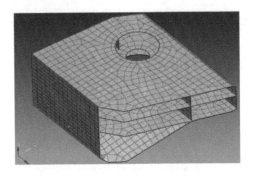

图 5-30　自由边界检查结果

当自由边出现在不合理的地方时，使用快捷键命令 F3 进行结点合并，如图 5-31 所示。

图 5-31　结点合并面板

5.10.6　网格法向检查

同一表面的单元法向必须一致，法向检查工具为 Tool—normals，如图 5-32 和图 5-33 所示。

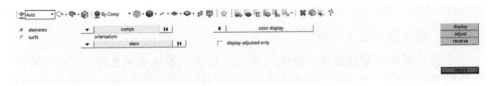

图 5-32　法向检查

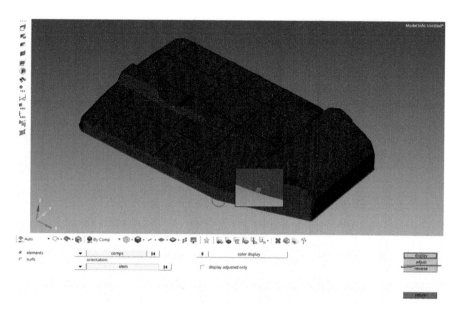

图 5-33　网格法向显示结果（图中红色区域可以通过 adjust 调整单元法向）

5.10.7　网格穿透和干涉检查

模型的穿透和干涉可通过菜单栏 Tools—Penetration Check 检查，其中干涉需定义网格属性之后才能进行检查如图 5-34 所示。

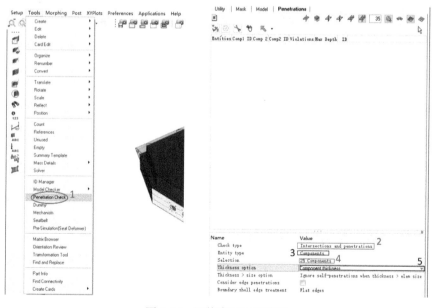

图 5-34　网格穿透干涉检查

5.10.8 检查网格贴合度

在组件网格划分完毕时，打开组件的 🔲·🔲·网格几何双显示，在工具栏中单击 🔲·，打开实体显示，此时查看网格和几何的贴合度。尤其是在网格对称后，必须检查网格的贴合度，以确认模型的对称程度，图 5-35 所示情况需要调整。

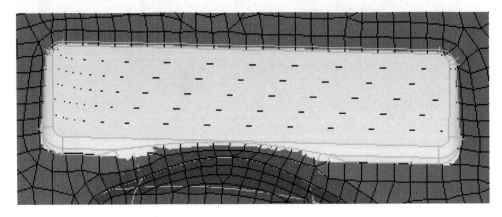

图 5-35　网格贴合度

第 3 部分
标准建模 – 机械安全模型

第 6 章

机械安全模型材料和属性创建

6.1　材料创建

按以下要求进行材料创建。

1. 材料本构模型确认

应按结构件材料牌号选取并创建对应的材料本构模型（见示例 1）。材料本构类型见表 6-1。

表 6-1　常用材料本构类型

材料代号	材料本构
MAT1	弹性材料
MAT2	正交各向异性材料
MAT9	空气、土壤材料
MAT20	永不变形刚性材料
MAT24	弹塑性材料
MAT54	复合材料
MAT63	可压碎泡棉材料
MAT100	焊接材料
MAT138	内聚力混合材料

2. 材料参数设置

1）结构件的材料密度、弹性模量、压缩模量、剪切模量、泊松比、拉伸 /剪切 / 压缩应力应变曲线等参数，应按材料固有属性进行设置；

2）螺栓选型的等级参数应按设计要求进行设置（见示例 2、示例 3）；

3）焊接单元应按强度较弱的材料参数进行设置（见示例4）；

4）一维刚性单元和质量点不应进行材料参数设置（见示例5、示例6）。

示例1　某箱体材料为 AL6063-T5，在 Ls_Dyna 中对应的材料本构为弹塑性材料，材料代号为 MAT24。

示例2　某模组端板固定螺栓为 M6，强度等级为 8.8，即螺栓公称抗拉强度达 800MPa，螺栓材质的屈强比值为 0.8，则螺栓公称屈服强度为 640MPa（800×0.8）。

示例3　某工装的安装螺栓为 M12，强度等级为 10.9，即螺栓公称抗拉强度达 1000MPa，螺栓材质的屈强比值为 0.9，则螺栓公称屈服强度为 900MPa（1000×0.9）。

示例4　某模组端板和侧板焊接，模组端板材料为 AL6063_T5，屈服强度为 117MPa，模组侧板材料为 AL5083_H111，屈服强度为 132MPa，则缝焊的屈服强度为 117MPa。

示例5　单元 Rigidbody/spotweld 不需要定义材料信息。

示例6　单元 Mass 质量点用于配重单元不需要定义材料信息。

6.2　属性创建

按以下要求进行属性创建：

1）网格属性设置：应按网格类型进行属性设置（见示例1）；

2）单元属性设置：应按单元属性类型（计算精度、计算速度、特定材料）进行属性设置（见示例2~示例6）；

3）一维刚性单元和质量点不应进行属性设置。

示例1　实体网格属性为 *Section_solid，壳网格属性为 *Section_shell，梁网格属性为 *Section_beam。

示例2　为了提高计算速度，一般的壳单元使用 ELFORM=2，高速碰撞工况中壳单元使用 ELFORM=16。

示例3　为了提高计算精度，复杂的塑料件采用四面体建模时，实体单元使用 ELFORM=13。

示例4　胶粘为 MAT138 号时，网格类型为六面体，实体单元类型 ELFORM=19。

示例5　单元 Rigidbody/SpotWeld 不定义属性。

示例6　单元 Mass 质量点用于配重单元，不定义属性。

第7章

模 型 连 接

7.1 焊接连接

7.1.1 点焊建模

点焊建模应符合以下要求：

1）焊点位置需根据设计输入创建；

2）点焊单元类型选择需根据工程问题、模拟精度、建模效率等适用场景分为连续单元（实体/壳单元）、可变形梁单元、刚性单元。

1. 实体点焊

考虑焊点区域焊接强度和焊核受力和失效情况时，推荐使用实体单元，创建步骤和结果如图 7-1 和图 7-2 所示。

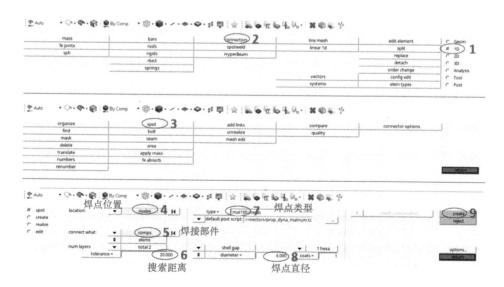

图 7-1　实体焊点创建过程

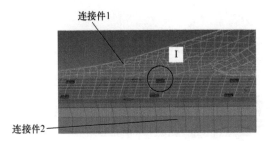
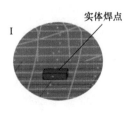

图 7-2　实体焊点

> 注：优点：能较为真实地模拟焊点，可考虑焊点失效，精度高，建模快；缺点：
> 当考虑焊接失效时需要局部网格细化，考虑热影响区建模，增加了网格
> 数量和建模难度，焊点网格尺寸对质量增加和时间步长均有影响。

2. 可变形梁 Beam 点焊

仅关注点焊轴向受力情况的焊接区域，或不考虑焊核失效仅实现柔性连接
时，推荐使用可变形梁单元，创建步骤和结果如图 7-3 和图 7-4 所示。

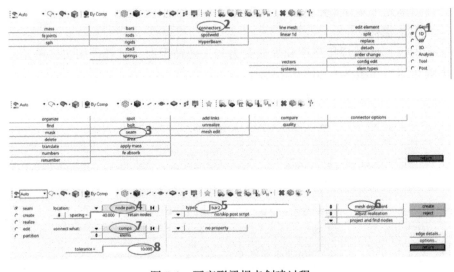

图 7-3　可变形梁焊点创建过程

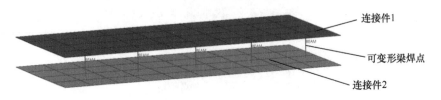

图 7-4　可变形梁焊点

注：优点：建模快捷，可定义焊点材料及截面属性可输出焊点轴向力；缺点：依赖连接件网格对齐，焊核处失效行为难以模拟，单元尺寸影响质量增加和时间步长。

3. 刚性 SPOTWELD 点焊

结构件中不重点关注点焊区域受力，或在非大变形区域时，采用刚性单元的创建步骤和结果如图 7-5 和图 7-6 所示。

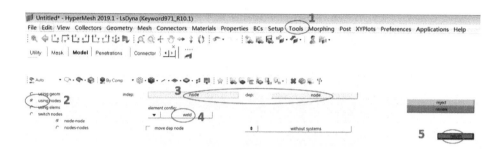

图 7-5 刚性单元焊点创建过程

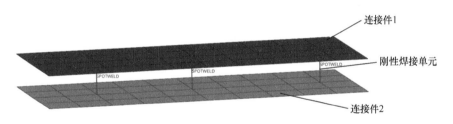

图 7-6 刚性单元焊点

注：优点：建模快捷，无需定义焊点材料属性，单元尺寸不影响质量增加和时间步长；缺点：依赖连接件网格对齐，增大了局部刚度，存在应力集中，无法模拟焊点失效。

7.1.2 缝焊建模

缝焊建模应符合以下要求：

1）缝焊位置需根据设计输入创建，如图 7-7 和图 7-8 所示；

2）缝焊的宽度一般根据实际焊接类型工艺定义；

3）缝焊单元类型选择需根据工程问题、模拟精度、建模效率等适用场景分为连续单元（实体 / 壳单元）、可变形梁单元、刚性单元。

图 7-7　箱体 MIG 焊

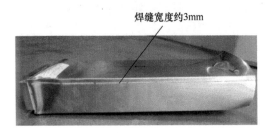

图 7-8　激光焊

1. 实体缝焊

考虑缝焊区域焊接强度和焊核受力和失效情况时，推荐使用实体单元或壳单元，实体焊缝的创建步骤和结果如图 7-9 和图 7-10 所示。

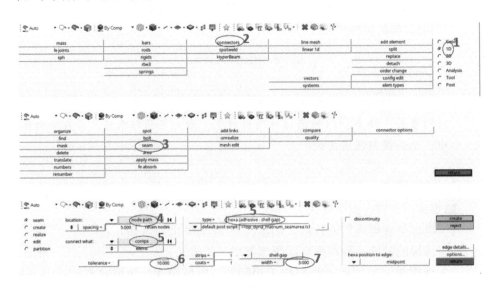

图 7-9　实体焊缝创建步骤

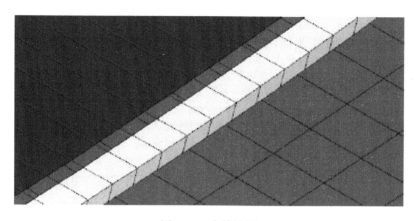

图 7-10　实体缝焊

2. 壳单元缝焊

壳单元焊缝的创建步骤和结果如图 7-11 和图 7-12 所示。

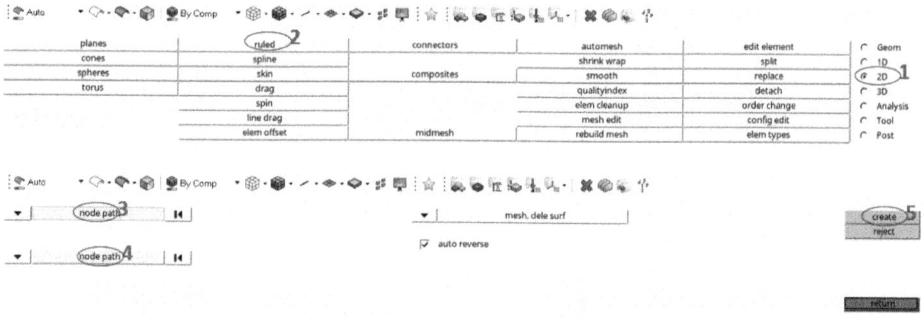

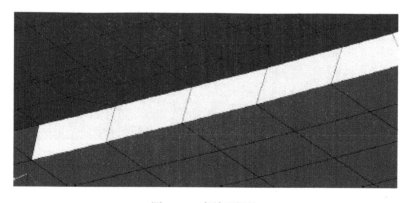

图 7-11　壳单元焊缝创建步骤

图 7-12　壳单元焊缝

示例 1 仅关注缝焊轴向受力情况的焊接区域，或不考虑焊核失效仅实现柔性连接时，推荐使用可变形梁单元，创建步骤和结果如图 7-13 和图 7-14 所示。

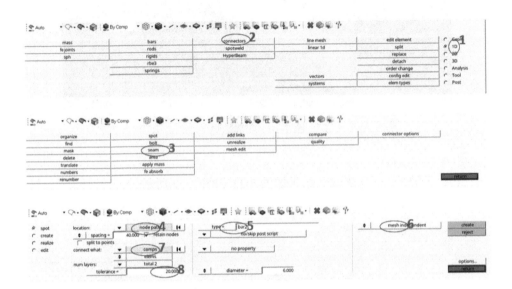

图 7-13 梁单元焊缝创建步骤

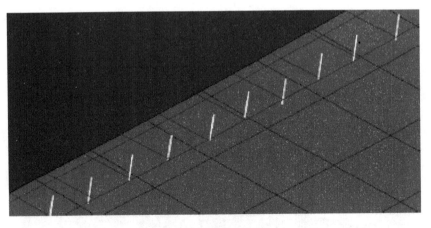

图 7-14 梁单元焊缝

梁单元焊点接触不同位置主结点力和质量分布情况也不同，见表 7-1。

表 7-1　梁单元不同焊接位置质量点分布

事例	描述	图示	备注
例 1	单元质心梁		1）n1 和 n2 映射到主面 M1 和 M2 上 2）主面上四节点力相同
例 2	单元边缘梁		1）n1 和 n2 映射到主面边缘节点 2）主面边缘节点力依赖于从节点的位置
例 3	单元角节点梁		力与主面角节点一致
例 4	单元质心梁，但存在接触穿透		1）首先消除穿透 2）点焊节点映射 3）在警告信息中显示移动距离
例 5	空间中的焊接梁（但仍在主面平面上）		1）n1 不做映射 2）在警告信息中显示
例 6	空间中的焊接梁（但仍在主面平面上）存在另外一个"最近"面		1）n1 映射到主面 M3 2）在警告信息中显示移动距离
例 7	单元质心梁，但存在接触穿透（面 - 面接触）		1）节点不做映射 2）在警告信息中显示梁的过度变形
例 8	存在接触穿透（面 - 面接触），法线方向向外		1）节点不做映射 2）在警告信息中显示梁的过度变形

注：焊点结果输出设置：

1）*BATABASE _SWFORC 输出焊点轴向力（仅输出拉伸力），焊点的剪切力；

2）*DATABASE_ELOUT、*DATABASE_HISTORY_BEAM 输出积分点的应力和合力；

3）D3hsp 文件输出没有绑定上的焊点，梁焊点的运动，焊点增加的质量（质量缩放）。

示例 2　结构件中不重点关注缝焊区域受力，或在非大变形区域时，采用 RB2 刚性单元创建步骤和结果如图 7-15 和图 7-16 所示。

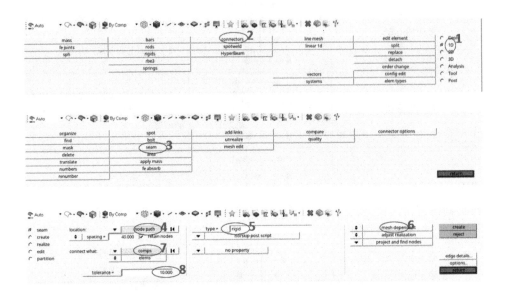

图 7-15　RB2 刚性单元焊缝创建步骤

图 7-16　RB2 刚性单元焊缝

7.1.3　焊接热影响区

电池包挤压铝件采用焊接时，会产生热影响区，热影响区挤压铝件屈服和抗拉强度以及断裂后伸长率均会下降，只有母材强度的约 70%，故热影响区域挤压铝需引用热影响区的新材料，热影响区网格目标尺寸根据焊接类型定义。

1. 重叠件焊接热影响区

上下重叠件，如图7-17所示的连接件一和连接件二，用Beam梁单元连接，热影响区为Beam左右两侧各一排网格，热影响区网格可考虑为3～8mm。

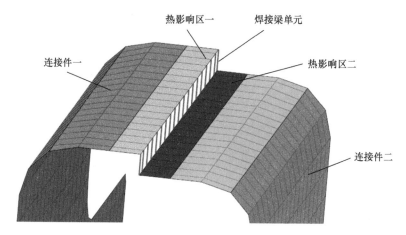

图 7-17　重叠件焊接热影响区

2. 交叉T形区焊接热影响区

两个交叉焊接的T形区用共结点方式连接，热影响区为结点外侧各一排网格，热影响区网格可考虑为3～8mm，如图7-18所示。

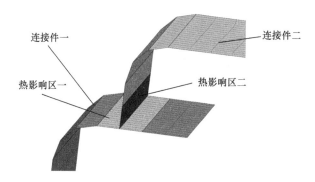

图 7-18　交叉T形区焊接热影响区

3. 电阻焊热影响区

电阻焊直径可考虑6mm，焊点附近外侧生成Washer，偏移Washer网格宽度可考虑1.5～2.0mm，如图7-19所示。

7.1.4　焊接材料

焊接材料性能参数可参考6.1节要求定义。

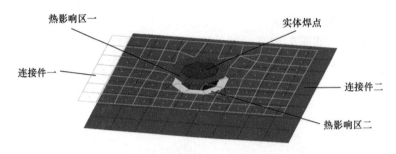

图 7-19　电阻焊接热影响区

7.1.5　焊接属性

焊接属性参数可参考 6.2 节要求定义。

7.1.6　焊接接触

焊接接触可参考 7.4 节要求定义。

7.2　螺栓连接

7.2.1　不考虑螺栓预紧力建模

壳单元刚性螺栓用于模型之间连接管理，且不关注螺栓本身受力，结构件不发生相对滑动。

1. 刚性壳单元螺栓连接

将螺栓孔周围建立的单层 Washer 网格（垫片压紧区域）定义为刚性材料模拟螺栓连接。如图 7-20 所示，模型中 Washer1 和 Washer2 之间需设置成刚性材料，实施刚体与刚体的绑定 *CONSTRAINT_RIGID_BODIES，螺栓连接时，只需将 Washer 设置成刚性材料。

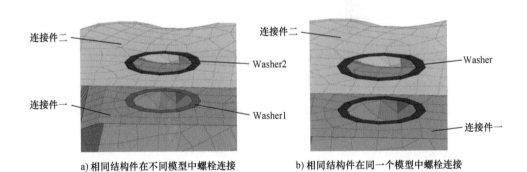

a) 相同结构件在不同模型中螺栓连接　　　　b) 相同结构件在同一个模型中螺栓连接

图 7-20　刚性壳单元螺栓连接效果

2. RigidBody 螺栓连接

单击选择需要连接 RB2 的 Washer 孔边缘的点，多次点选后选择两两相互连接的部件进行连接，如图 7-21 和图 7-22 所示。

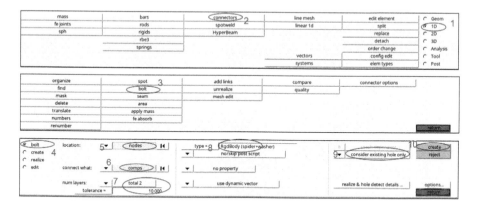

图 7-21　批量生成 RB2 的连接面板

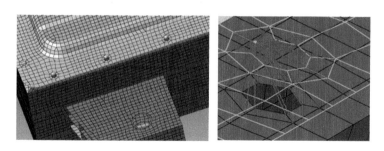

图 7-22　结点位置选择及连接效果图

3. RigidBody+Beam 螺栓连接

采用 RB2+Beam 单元方式等效螺栓时，连接件一和连接件二的两个 RB2 之间的 Beam 只允许有一个单元，如图 7-23 ~ 图 7-25 所示。

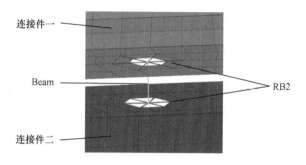

图 7-23　RB2+Beam 螺栓连接

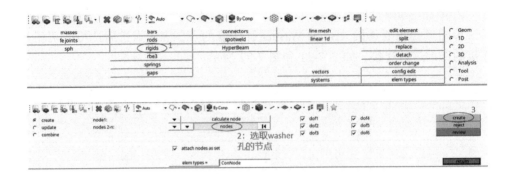

图 7-24　RB2 生成面板

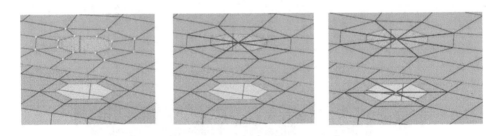

图 7-25　RB2 示意图

创建一个新的 Componenet，命名为 bolt-beam，如图 7-26 和图 7-27 所示。

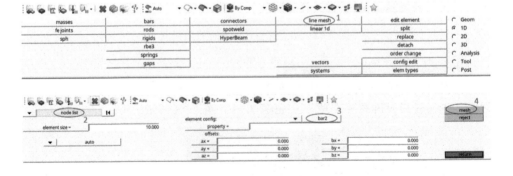

图 7-26　Beam 生成面板

7.2.2　考虑螺栓预紧力建模

对螺栓施加预紧力应符合以下要求：

1）总加载时间宜较短；

2）预紧力加载需在动态分析之前完成；

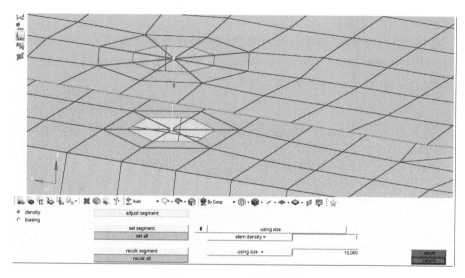

图 7-27 Beam 生成示意图

3）预紧力的加载方式需根据螺杆建模方式确定。

当考虑不同尺寸、强度等级的螺栓连接对结构件造成的影响程度时需要创建螺栓预紧力，螺栓拧紧力矩和预紧力计算如下：

$$T = \mu F d$$

式中，T 为螺栓扭矩，单位为 N·m；μ 为摩擦系数；F 为预紧力，单位为 N；d 为螺栓螺纹的公称直径，单位为 mm。

1. 可变形梁 Beam 螺栓 + 刚性螺母

在 Ls_Dyna 软件环境下，螺母和螺帽按照螺栓外形建立刚性壳单元，螺杆建模为刚性梁单元和可变形梁单元，需要设置可变形梁单元为焊点材料和属性，施加预紧力关键字为 *INITIAL_AXIS_FORCE_BEAM，螺杆与安装孔之间的接触通过创建梁半径 = 螺杆与连接孔间隙，ELFORM=1，MAT_NULL，接触设置 *CONTACT_AUTOMATIC_GENERAL，如图 7-28 所示。

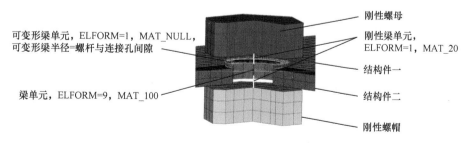

图 7-28 可变形梁单元螺栓预紧力加载效果

2. 刚性壳单元螺栓

在 Ls_Dyna 软件环境下，螺杆和螺帽按照螺栓外形建模为刚性壳单元时，分别对螺杆和螺帽定义沿螺杆方向的预紧力和时间关系曲线载荷，加载关键字为 *LOAD_RIGID_BODY，如图 7-29 所示。

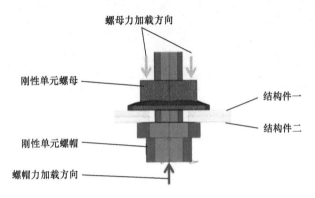

图 7-29　刚性壳单元螺栓预紧力加载效果

3. 实体螺栓

在 Ls_Dyna 软件环境下，螺栓按照螺栓外形建立的实体螺栓时，对螺栓光杆部分定义加载截面、预应力和时间关系曲线载荷，加载关键字分别为 *DA-TABASE_CROSS_SECTION_PLANE_ID，*INITIAL_STRESS_SECTION，　如图 7-30 所示。

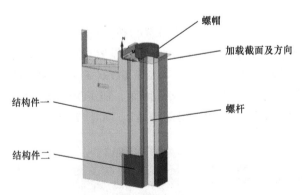

图 7-30　实体螺栓预紧力加载效果

7.2.3　螺栓材料

螺栓材料性能参数可参考 6.1 节要求定义。

7.2.4　螺栓属性

螺栓属性可参考 6.2 节要求定义。

7.2.5　螺栓接触

螺栓接触可参考 7.4 节要求定义。

7.3　胶粘连接

7.3.1　胶粘建模

胶粘建模参考实体建模，3d-solidmap，如图 7-31 所示。

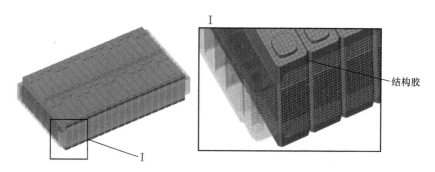

结构胶

图 7-31　模组内部结构胶网格模型

7.3.2　胶粘材料

胶粘材料参数可参考 6.1 节要求定义。

7.3.3　胶粘属性

胶粘属性可参考 6.2 节要求定义。

7.3.4　胶粘接触

胶粘接触可参考 7.4 节要求定义。

7.4　接触设置

7.4.1　接触类型

接触类型的选择应根据结构件之间接触状态选择创建（见示例1～示例6）。

示例 1　所有部件相互面面接触，则创建自接触 *Contact_automatic_single_surface。

示例 2　两个结构件之间有相对滑动的趋势，则创建面面接触 *Contact_automatic_surface_to_surface。

示例 3　离散的结点在面上滑动，则创建点面接触 *Contact_automatic_node_to_surface。

示例 4　两个结构件之间绑定，则创建绑定接触 *Contact_tied_shell_edge_to_surface_beam_offset。

示例 5　梁单元之间相互滑动，则创建自接触 *Contact_automatic_general。

示例 6　刚性墙系统则有自带的接触类型 *RigidWall_planar。

7.4.2　接触对

接触创建中，主、从面接触对的选择应符合以下要求：

1）选择刚度较大的面作为主面；

2）若两接触面的刚度相似，则选择网格较粗的面作为主面；

3）从面考虑的是结点，从面可以不是连续体；

4）主面考虑的是段，主面可以不是连续的网格；

5）自接触中每个部分都可能发生接触，所以不存在主、从面，只需要定义从面即可。

第8章

模型控制卡片和结果输出卡片设置

8.1 模型控制卡片

模型控制卡片用于模型正常计算。模型计算总时长、整体质量缩放和沙漏控制、单元厚度偏置、结果文件输出格式等参数需在其控制卡片中进行定义，见表8-1。

表 8-1 常用模型控制卡片

关键字	控制参数
*CONTROL_ACCURACY	计算精度
*CONTROL_BULK_VISCOSITY	体积黏度
*CONTROL_CONTACT	接触
*CONTROL_ENERGY	能量耗散
*CONTROL_HOURGLASS	沙漏
*CONTROL_SHELL	壳单元
*CONTROL_SOLID	实体单元
*CONTROL_TERMINATION	计算时长
*CONTROL_TIMESTEP	时间步长

8.2 结果输出卡片

结果输出卡片用于将模型计算结果通过图形或曲线的形式表示。计算结果中输出结构件应力、应变、位移、截面力、能量、接触力、生成重启动文件等参数需在其输出卡片中进行定义，见表8-2。

表 8-2 常用结果输出卡片

关键字	输出参数
*CONTROL_OUTPUT	总控制
*DATABASE_BINARY_D3THDT	单元子集的时间历程数据
*DATABASE_BINARY_INTFOR	接触面二进制数据
*DATABASE_OPTION	指定文件
*DATABASE_BINARY_OPTION	结果二进制文件
*DATABASE_GLSTAT	模型整体能量
*DATABASE_MATSUM	单个结构件能量
*DATABASE_NODOUT	结点力、位移、速度等
*DATABASE_RCFORC	接触力
*DATABASE_SLEOUT	滑移能
*DATABASE_SECFORC	截面力
*DATABASE_BINARY_D3PLOT	结果文件图形动画
*DATABASE_BINARY_D3THDT	单元历史数据

第 9 章

工况加载及边界条件设置

9.1 挤压

9.1.1 工况概述

挤压工况是模拟动力蓄电池系统或电池包、电池模块、电池单体等受到挤压。除另有规定，否则其安全性应符合 GB 38031—2020 中第 5 章规定的安全要求，蓄电池包或系统应不起火、不爆炸。工况加载采用规定形式的刚性挤压板，对放置在相互垂直的支撑台面与抵挡墙面之间的试验对象，以恒定的挤压速度，分别进行 X 轴或 Y 轴或 Z 轴挤压，如图 9-1 所示。除另有规定，否则对蓄电池包、电池模块、电池单体相应的挤压条件如下：

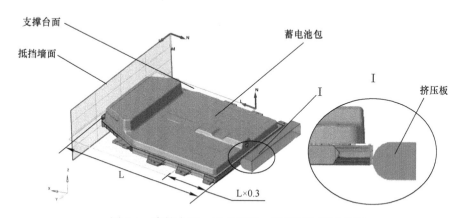

图 9-1　支撑台面、抵挡墙面、挤压板位置示意图

1）蓄电池包、电池模块：当挤压板反作用力达到 100kN 或挤压形变达到挤压方向尺寸的 30%。

2）电池单体：当挤压板反作用力达到 100kN 或 1000 倍试验对象重量，或挤压形变达到挤压方向尺寸的 15%。

9.1.2 挤压板建模

1）挤压板形式一如图 9-2a 所示，圆柱半径为 75mm，长度为 1000mm。

2）挤压板形式二如图 9-2b 所示，圆柱半径为 75mm，两个半圆助之间间隔 30mm，挤压板长 × 宽尺寸为 600mm×600mm。

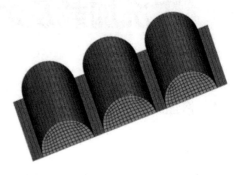

a）挤压形式一的二维网格模型　　　　　　b）挤压形式二的二维网格模型

图 9-2　挤压板的二维网格模型

材料：定义挤压板材料为刚性材料。

属性：定义挤压板厚度。

X 向挤压可参考以下设置：

挤压板 X 向运动的材料设置					
关键字：*MAT_RIGID					
密度（Rho）	弹性模量（E）	泊松比（PR）	坐标轴（CMO）	平动自由度（CON1）	转动自由度（CON2）
7.8×10^{-9} t/mm^3	210000MPa	0.3	全局坐标	约束 Y、Z（5）	约束 X、Y、Z（7）

9.1.3 挤压位置确认

无特殊要求情况下，电池包挤压位置尽可能保证挤压通过且电池包无挤压上翘现象。

挤压板移动操作：操作面板 Tool—translate，或快捷键：Shift+F4。

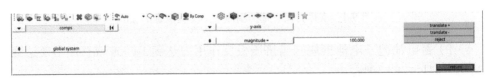

挤压板转动操作：操作面板 Tool—rotate。

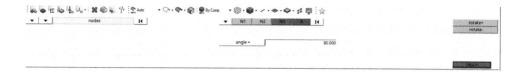

9.1.4 挤压边界条件设置

1. 支撑台面创建

蓄电池包的支撑台面创建要求如下（见图9-3）：

1）按X轴方向为长度方向，Y轴方向为宽度方向；

2）支撑台面应与坐标轴XY面平行；

3）支撑台面应约束X轴、Y轴、Z轴平动和转动的自由度；

4）支撑台面的长、宽尺寸宜不小于蓄电池包X轴、Y轴中最大外轮廓尺寸；

5）支撑台面与蓄电池包的摩擦系数以实际情况为准。

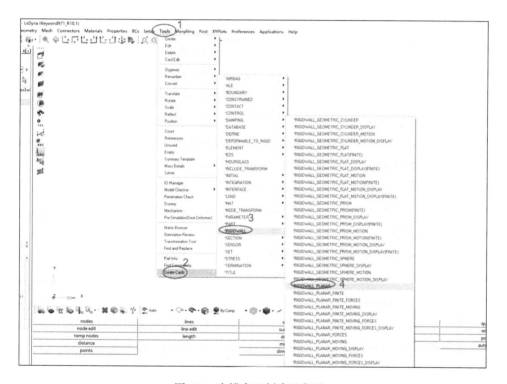

图9-3 支撑台面创建示意图1

2. 抵挡墙面创建

蓄电池包的抵挡墙面创建要求如下，创建步骤参考支撑台面（见图9-4）：

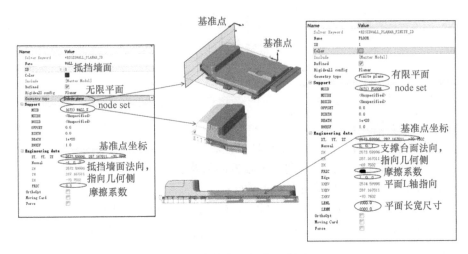

图 9-4　支撑台面创建示意图 2

1）按 X 轴或 Y 轴方向为长度方向，Z 轴方向为宽度方向；

2）X 轴挤压时，抵挡墙面应与坐标轴 YZ 面平行；

3）Y 轴挤压时，抵挡墙面应与坐标轴 XZ 面平行；

4）抵挡墙面应约束 X 轴、Y 轴、Z 轴平动和转动的自由度；

5）抵挡墙面与蓄电池包的摩擦系数以实际情况为准。

3. 重力场设置

整个分析流程需考虑地球引力作用，应定义重力加速度的加载方向、加载时长，关键字 *LOAD_BODY_Z，如图 9-5 所示。

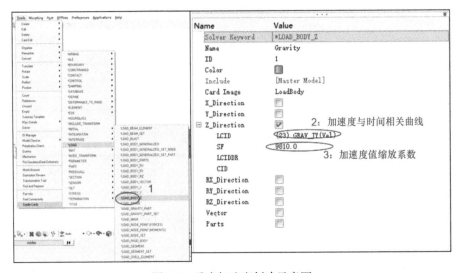

图 9-5　重力加速度创建示意图

曲线创建：Tools—Create Card—Define—Define Curve，或如图 9-6 所示。

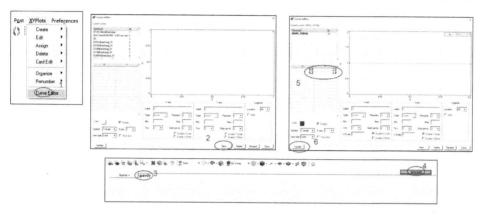

图 9-6　曲线创建示意图

9.1.5　工况加载

挤压板沿指定方向（X 向或 Y 向）施加恒定的挤压速度，挤压速度为 1～2mm/s 或其他要求，加载时长按照实际分析情况，如图 9-7 所示。挤压速度和时间相关的曲线数据见表 9-1。

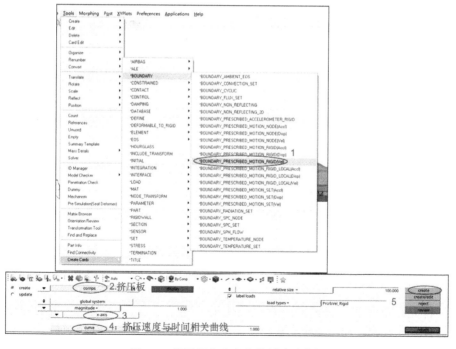

图 9-7　挤压恒定速度载荷创建示意图

表 9-1　挤压板的挤压速度与时间相关曲线数值

挤压时间（X 轴）/s	挤压速度（Y 轴）/（mm/s）
0	1
0.2	1

9.2　机械冲击

9.2.1　工况概述

机械冲击是模拟蓄电池包或系统抵抗变形和破坏的能力。除另有规定，否则其安全性应符合 GB 38031—2020 中第 5 章规定的安全要求。工况加载可直接施加于电池包或系统吊挂点或工装台（若已有，则电池包或系统安装在台面上），沿 Z 向施加 7g、脉宽为 6ms 的半正弦波形。除另有规定，否则对蓄电池包或系统相应的机械冲击条件如下：沿 ±Z 方向各冲击 6 次，共 12 次，如图 9-8 所示。

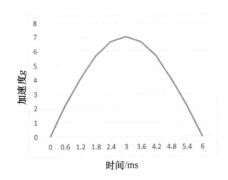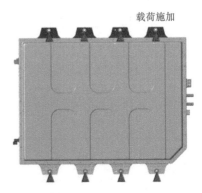

图 9-8　半正弦曲线、载荷施加位置示意图

9.2.2　重力场设置

参照 9.1.4 节 3. 操作即可。

9.2.3　工况加载

首先约束除 Z 向外的其他自由度，沿 Z 向施加峰值为 7g、脉宽为 6ms 的半正弦波加速度，如图 9-9 所示。

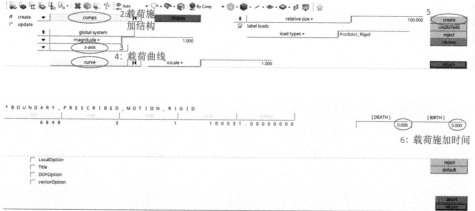

图 9-9　机械冲击载荷创建示意图

9.3.1 工况概述

模拟碰撞是模拟蓄电池包或系统受到大幅度冲击时，其抵抗变形和破坏的能力。除另有规定，否则其安全性应符合 GB 38031—2020 中第 5 章规定的安全要求。工况加载可直接施加于电池包或系统吊挂点或工装台（若已有，则电池包或系统安装在工装台面上），沿 X、Y 向施加加速度波形。除另有规定，对蓄电池包或系统相应的模拟碰撞条件如下：沿 X 向施加峰值为 28g、脉宽为 120ms 的波形，沿 Y 向施加峰值为 15g、脉宽为 120ms 的波形各一次，如图 9-10 所示。

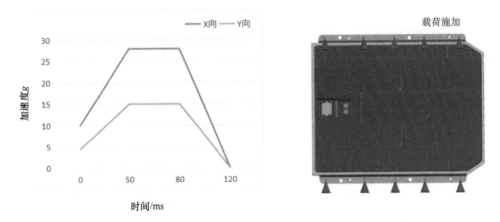

图 9-10　加载曲线、载荷施加位置示意图

9.3.2 重力场设置

参照 9.1.4 节 3. 操作即可。

9.3.3 工况加载

分析 X 向模拟碰撞，则约束除 X 向外的其他自由度，沿 X 向施加峰值为 28g、脉宽为 120ms 波形加速度；分析 Y 向模拟碰撞，则约束除 X 向外的其他自由度，沿 X 向施加峰值为 15g、脉宽为 120ms 波形加速度。载荷施加操作参照 9.2.3 节。

9.4　跌落

9.4.1　工况概述

　　跌落是模拟实际维修或安装过程中最可能发生的落下，以评价蓄电池包或系统发生变形和破坏的情况。除另有规定，其安全性应符合 GB 38031—2020 中第 5 章规定的安全要求。工况加载采用蓄电池包或系统落在刚性地面上。除另有规定，否则对蓄电池包或系统相应的跌落条件如下：沿 Z 轴方向，从 1m 的高度处自由跌落，如图 9-11 所示。

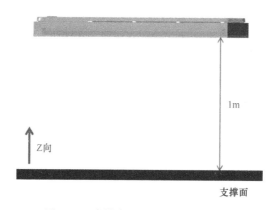

图 9-11　支撑台面、跌落形式示意图

　　注：对于呈角度的蓄电池包或系统跌落，可按照技术要求进行设置。

9.4.2　边界条件设置

　　1.支撑台面创建

　　参照 9.1.4 节 1.操作，支撑台面可使用无限大平面。

　　2.重力场设置

　　参照 9.1.4 节 3.操作即可。

9.4.3　工况加载

　　对蓄电池包或系统施加初始速度

$$v = \sqrt{2gh}$$

式中，h 为跌落高度。

　　加载方式如图 9-12 所示。

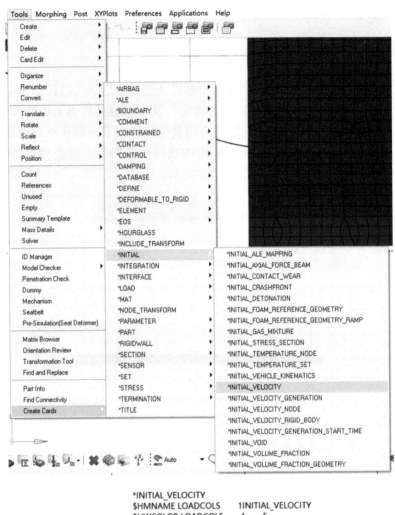

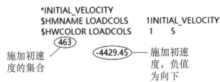

*INITIAL_VELOCITY
$HMNAME LOADCOLS   1INITIAL_VELOCITY
$HWCOLOR LOADCOLS   1   5

(463)   (-4429.45)

施加初速   施加初速
度的集合   度，负值
                            为向下

图 9-12　初始速度施加示意图

9.5　动态底部球击

9.5.1　工况概述

动态底部球击是模拟布置在车底的电池包或系统被车辆行驶时卷起的石子等打到，而引起其变形和破坏的情况。目前动态底部球击工况可参考 T/CSAE

244—2021 中 7.3 规定的安全要求。工况加载采用规定型式的 25mm 钢制冲击头,以规定的撞击能量冲击电池包或系统底部。除另有规定,否则对蓄电池包或系统等相应的球击条件如下:冲击能量为(120±3)J,冲击方向沿 Z 向,如图 9-13 所示。

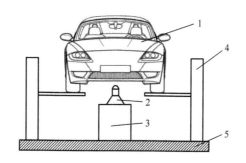

图 9-13　冲击台架示意图

1—待测整车　2—冲击头　3—发射装置　4—测试台架　5—地面

9.5.2　冲击头建模

冲击头形式如图 9-14 所示,前部为直径 25mm 的半球形,冲击头质量为 10kg。

图 9-14　冲击头的二维网格模型

材料:冲击头材料为 45# 钢。

属性:定义冲击头厚度。

9.5.3　球击位置确认

一般情况下,首先找出以蓄电池包整车安装点的几何中心为原点,半径为 240mm 的圆形水平区域,然后在此区域内选取电池包或系统薄弱点,如图 9-15 所示。

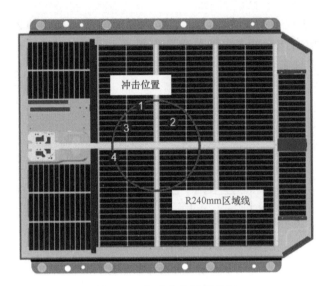

图 9-15　某球击位置示意图

9.5.4　重力场设置

参照 9.1.4 节 3. 操作即可。

9.5.5　工况加载

前端为直径 25mm 半球形的 10kg 重冲击器，沿 Z 轴方向冲击电池包底部，冲击能量为 120J，冲击位置按照选定或者指定位置。冲击头初速度可参照 9.4.3 节进行设置。

第 10 章

机械安全模型检查、计算文件生成及提交计算

10.1 模型检查及计算文件生成

模型检查无错误就可以输出计算文件，后缀为 .K/.KEY/.DYN 均可，不区分大小写，如图 10-1 所示。

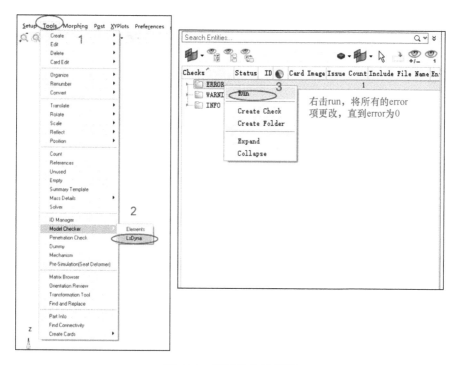

图 10-1 模型检查示意图

在第 4 章和第 6 章的操作中，若直接导入材料、属性、控制卡片等文件，不做其他勾选，则在导出时，导入的文件会直接写入导出文件，成为导出文件的一部分，直接导出一个计算文件。若勾选 Import as Include，则在导出时，可

勾选 Include files：Preserve，导出一个计算文件，该文件在内容中会引用导入文件作为 Include 文件。若导出时不勾选 Include files：Preserve，则仍然直接导出一个计算文件，如图 10-2 和图 10-3 所示。

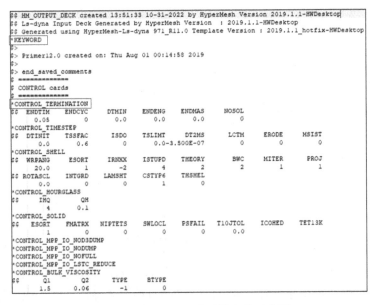

图 10-2　直接导出一个计算文件示意图

图 10-3 导出一个计算文件并引用导入文件示意图

10.2　提交计算

10.2.1　客户端单机提交计算（SMP）

1. 软件环境选择

双击打开 Ls_Dyna 求解器，如图 10-4 所示，显式计算默认选择单精度，隐式计算选择双精度。

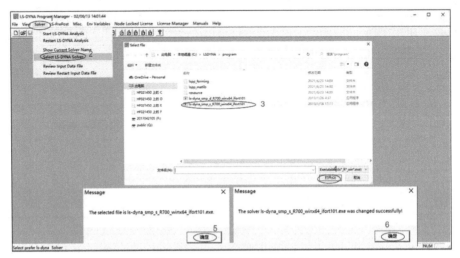

图 10-4　软件环境选择示意图

2. 单机计算

单机计算模型提交、计算过程、计算完成如图 10-5 ～ 图 10-7 所示。

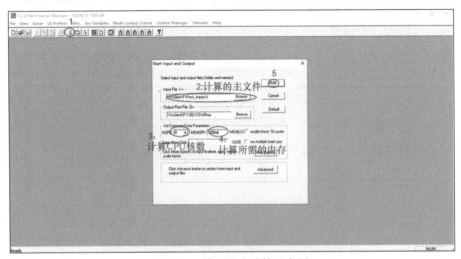

图 10-5　模型提交计算示意图

```
C:\LSDYNA\program\ls-dyna_smp_s_R700_winx64_ifort101.exe  I=P:\S61-CHACHE\001\chache-0629.k O=P:\S61-CHACHE\001\d3hsp NCP...   —   □   ×
global y velocity............    0.00000E+00
global z velocity............    0.00000E+00

number of shell elements that
reached the minimum time step..  0
    1 t 0.0000E+00 dt 3.15E-04 flush i/o buffers        07/04/22 17:50:32
    1 t 0.0000E+00 dt 3.15E-04 write d3plot file         07/04/22 17:50:32

Deformable Spotwelds:
total added spotweld mass       =  8.1477E-10
percentage mass increase        =  1.4615E-10

cpu time per zone cycle..........    268 nanoseconds
average cpu time per zone cycle....    292 nanoseconds
average clock time per zone cycle..    295 nanoseconds

estimated total cpu time        =  173231 sec (  48 hrs  7 mins)    计算总时长，参考值
estimated cpu time to complete  =  173149 sec (  48 hrs  5 mins)
estimated total clock time      =  174659 sec (  48 hrs 30 mins)
estimated clock time to complete =  174577 sec (  48 hrs 29 mins)

added mass                      =  6.8919E-01
percentage increase             =  1.2363E-01    质量增加百分比0.12363%

termination time                =  5.000E+01
 3175 t 9.9981E-01 dt 3.15E-04 write d3plot file        07/04/22 18:17:24
      计算时间步长
```

图 10-6　模型计算过程示意图

```
T i m i n g    i n f o r m a t i o n
                         CPU(seconds)   %CPU   Clock(seconds)  %Clock
-------------------------------------------------------------------------
Keyword Processing ...  0.0000E+00     0.00     4.1500E-01      0.02
  KW Reading ........   0.0000E+00     0.00     1.3800E-01      0.01
  KW Writing ........   0.0000E+00     0.00     1.1600E-01      0.01
Initialization .......  3.0000E+00     0.18     2.8870E+00      0.17
  Init Proc Phase 1 ..  1.0000E+00     0.06     3.3400E-01      0.02
  Init Proc Phase 2 ..  0.0000E+00     0.00     5.0000E-02      0.00
Element processing ...  8.7300E+02    51.66     8.4484E+02     49.97
  Shells ...........    8.0100E+02    47.40     7.5647E+02     44.75
  Beams ............    7.0000E+00     0.41     1.1983E+01      0.71
Binary databases .....  2.0000E+00     0.12     7.2520E+00      0.43
ASCII database .......  1.0000E+00     0.06     1.7540E+00      0.10
Contact algorithm ....  5.5100E+02    32.60     5.6748E+02     33.57
  Interf. ID  40001001  9.7000E+01     5.74     8.8939E+01      5.26
  Interf. ID  50001001  2.0600E+02    12.19     1.9997E+02     11.83
  Interf. ID  50001002  2.4500E+02    14.50     2.7782E+02     16.43
Rigid Bodies .........  7.0000E+00     0.41     8.9060E+00      0.53
Other ...............   2.5300E+02    14.97     2.5703E+02     15.20
-------------------------------------------------------------------------
T o t a l s             1.6900E+03   100.00     1.6906E+03    100.00

Problem time      =    1.0000E-01
Problem cycle     =    317461
Total CPU time    =      1690 seconds (   0 hours 28 minutes 10 seconds)
CPU time per zone cycle  =      136 nanoseconds
Clock time per zone cycle=      136 nanoseconds

Number of CPU's   8
NLQ used/max      136/  136
Start time   06/23/2022 14:40:18       计算总时长
End time     06/23/2022 15:08:28
Elapsed time    1690 seconds (  0 hours 28 min. 10 sec.) for  317461 cycles

N o r m a l    t e r m i n a t i o n    正常计算终止      06/23/22 15:08:28
```

图 10-7　模型计算完成示意图

在 Ls_Dyna 的整个计算过程中可通过一个 DOS 窗口输出计算的相关信息：

Ctrl+C+SW1：停止计算，同时输出一个重启动文件 d3dump；

Ctrl+C+SW2：重新预估计算时间，继续计算；

Ctrl+C+SW3：输出一个重启动文件，继续计算；

Ctrl+C+SW4：输出一个后处理步文件，继续计算。

10.2.2　模型调试

原则上总能量 = 沙漏能 + 内能 + 滑移能 + 动能 + 外力功，如图 10-8 所示。其中，滑移能 / 总能量 < 5%；沙漏能 / 总能量 < 5%。

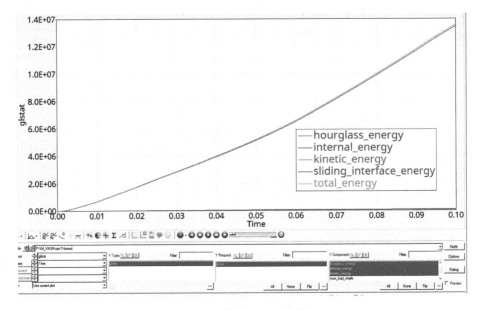

图 10-8　能量显示示意图

1. 质量缩放检查

可通过 HyperGraph 2D—binout—glstat—percent increase，查看全局质量增加比例，该比例 < 5%，如图 10-9 所示。

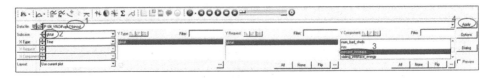

图 10-9　质量缩放检查示意图

质量缩放检查的两个步骤如下：

1）初步检查。让模型在 Ls_Dyna 中运行两个时间步，在 Hyperview 中调出 glstat 文件并检查 mass scaling 项（质量增加应该小于 5%）；调出 matsum 文件并检查各部件的质量增加情况，对于质量增加过大以及有快速增长趋势的部件应检查此部件的网格质量和材料参数设置（质量增加一般是由于单元的特征长度太小或者是材料参数 E、ρ 设置错误，导致该单元的时间步长低于控制卡片中设置的最小时间步长，从而引起质量缩放）。

2）全过程检查。调整模型使其符合初步检查的标准，计算模型至其正常结束。再按初步检查步骤中的要求检查调试整个模型直至达到要求。一个计算收敛的模型在其整个计算过程中，最大质量缩放应小于总质量的 5%。

> 注：质量缩放是指对于时间步长小于控制卡片中设置的最小时间步长的单元，通常采取增加单元材料密度的方法来增大其时间步长，以减短模型的计算时间。

关于 Ls_Dyna 中单元时间步长的计算方法如下。Ls_Dyna 采用的显式中心差分法是有条件稳定的，只有当时间步小于临界时间步时稳定

$$\Delta t \leqslant \Delta t^{\mathrm{crit}} = \frac{2}{\omega_{\max}}$$

式中，$\omega_{\max}$ 为最大自然角频率。

下面计算杆件的临界时间步长。

由杆件的自然频率 $\omega_{\max} = 2\dfrac{c}{l}$，其中 $c = \sqrt{\dfrac{E}{\rho}}$（波传播速度），得杆件临界时间步长为

$$\Delta t = \frac{l}{c}$$

式中，特征长度 l 和波速 c 取决于单元类型。

梁单元如下：

$$l = 单元长度,\quad c = \sqrt{\frac{E}{\rho}}$$

壳单元如下：

$$l = \frac{A}{\max(L_1, L_2, L_3, L_4)},\ \ 对于三角形壳单元：l = \frac{2A}{\max(L_1, L_2, L_3)},\ \ c = \sqrt{\frac{E}{\rho(1-v^2)}}$$

体单元如下：

对于 8 结点实体单元，$l = \dfrac{V}{A_{\max}}$，$A_{\max}$ 为单元最大一侧的面积。

$$c = \sqrt{\dfrac{E(1-\mu)}{(1+\mu)(1-\mu)\rho}}$$

对于 8 结点实体单元，$l = $ 最小高度。

临界时间步尺寸由 Ls_Dyna 自动计算。它依赖于单元长度和材料特性，Ls_Dyna 在计算所需时间步时检查所有单元，为达到稳定采用一个比例系数（缺省为 0.9）来减小时间步

$$\Delta t = 0.9\dfrac{l}{c}$$

从而对整个有限元模型来说，控制实际计算时间步长的是最小尺寸单元，当模型的网格质量不是很好时，如果有很多的小单元存在，则此时计算的时间将成倍地增加，为减小计算量，需要人为控制 Ls_Dyna 时间步长，称为质量缩放，此时在不改变有限元模型的前提下，增加实际计算时间步长。

2. 沙漏能检查

可通过 HyperGraph 2D—binout—glstat—hourglass energy & total energy，查看整个计算过程中沙漏能占总能量的比例，该比例 < 5%，如图 10-10 所示。

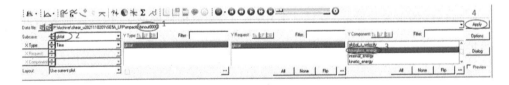

图 10-10　沙漏能检查示意图

注：沙漏能的出现是因为模型中采用了缩减积分引起的，常用的 BT 单元采用的是面内单点积分，这种算法会引起沙漏效应（零能模式）。

Ls_Dyna 应用单点（缩减）高斯积分的单元进行非线性动力分析既可以极大地节省计算机，也有利于大变形分析。但是单点积分可能引起零能模式，或称为沙漏模式。

沙漏是一种以比结构全局响应高得多的频率振荡的零能变形模式，是由于单元刚度矩阵中的秩不足导致的，而这些是由于积分点不足导致的。沙漏模式导致一种在数学上是稳定的、但在物理上无法实现的状态。它们通常没有刚

度，变形呈现锯齿形网格，单点实体单元的沙漏模式如图 10-11 所示，即单元可以按照蓝线的形状变动。

图 10-11　单点实体单元的沙漏模式

总体表现形式如图 10-12 所示。

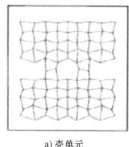

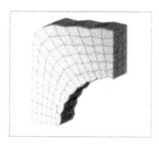

a) 壳单元　　　　　　　　　　b) 体单元

图 10-12　总体表现形式

在分析中沙漏变形的出现使得结果无效，所以应尽量减小和避免。如果总体沙漏能超过模型总体内能的 10%，那么分析可能就是无效的，有时候甚至 5% 的沙漏能也是不允许的，所以非常有必要对它进行控制。

方法一：总体调整模型的体积黏度可以减少沙漏变形，黏性沙漏控制推荐用于快速变形的问题中（例如激振波）。人工体积黏度本来适用于处理应力波的问题，因为在快速变形过程中，结构内部会产生应力波，形成压力、密度、指点加速度和能量的跳跃，为增加求解的稳定性，可加入人工体积黏性，使应力波的强间断模糊成在相当狭窄的区域内急剧变化但却是连续变化的。由于沙漏是一种以比结构全局响应高得多的频率振荡，所以调整模型的体积黏度能减少沙漏变形，在 Ls_Dyna 中由关键字 *CONTROL_BULK_VISCOSITY 控制。

方法二：通过总体附加刚度或黏性阻尼来控制，由关键字 *CONTROL_HOURGLASS 控制，对于高速问题建议用黏度公式（缺省），对于低速问题建议用刚度公式。

方法三：为防止模型的总体刚度因附加刚度而增加过大时，可不用总体设置附加刚度或黏度，可通过关键字 *HOURGLASS 来对沙漏能过大的 PART

进行沙漏控制，参数与总体设置一样（通过 *PART 关键字与相关 PART 建立连接）。

方法四：使用全积分单元，由于沙漏是由于单点积分导致的，所以可以使用相应的全积分单元来控制沙漏，此时没有沙漏模式，但在大变形情况下模型过于刚硬。

其实通过使用好的模型方式可以减少沙漏的产生，如网格的细化，避免施加单点载荷，或分散一些全积分的"种子"单元于易产生沙漏模式的部件中从而减少沙漏。

3. 滑移能检查

可通过 HyperGraph 2D—binout—glstat—sliding_interface_energy，查看整个计算过程中滑移能占总能量的比例，该比例 < 5%，如图 10-13 所示。

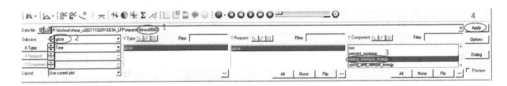

图 10-13　滑移能检查示意图

> 注：滑移界面能是由摩擦和阻尼所引起的。剧烈的滑动摩擦会引起大的滑移界面能，未能检测到的穿透常常会引起大的负值的滑移界面能。

滑移界面能分两种情况，即有摩擦和没有摩擦。当没有摩擦时（即在接触中没有定义摩擦系数），滑移界面能为接触弹簧保持的势能（见图 10-14）。但在碰撞过程中，能量的转换应该是接触弹簧的势能转化为动能，动能转化为变形能，所以在计算中滑移界面能是非物理的，应当控制在很小的值以内。

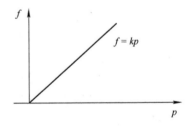

图 10-14　没有摩擦时的弹簧势能

$$\text{sie} = \sum_{\text{springs}} \int f \mathrm{d}p = \sum_{\text{springs}} \frac{kp^2}{2}$$

式中，f 为接触弹簧力；p 为渗透量；sie 为滑移界面能。

在纯弹性碰撞中，滑移界面能应完全转化为动能，如图 10-15 所示。若为弹塑性碰撞，即有应变能，则滑移界面能应完全转化为动能和应变能。

当有摩擦时，在滑移界面能中包含了摩擦能，此时除了在接触面的法向有滑移界面能，在切向也产生界面摩擦能。

Ls_Dyna 的接触摩擦基于库仑公式，摩擦系数计算如下：

$$\mu_c = \mu_d + (\mu_s - \mu_d)e^{-(DC)(v)}$$

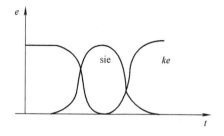

图 10-15　纯弹性碰撞的能量转换

式中，μ_s 为静摩擦系数；μ_d 为动摩擦系数；DC 为指数衰减系数；v 为接触面间的相对速度。

若 DC 或 $v = 0$，则 $\mu_c = \mu_s$。

在库仑力作用下界面剪切应力在某些情况下会非常大，可能会超过材料的承受极限，所以要限制最大摩擦力，最大摩擦力可以由黏性摩擦系数 VC 和接触段的面积来定义

$$F_{lim} = VC \cdot A_{cont}$$

黏性摩擦系数常用于接触引起塑性流动的情况，推荐其值为

$$VC = \frac{\sigma_0}{\sqrt{3}}$$

式中，σ_0 为接触材料的屈服应力。

对于滑移界面能常遇到的问题是出现负值，由两种情况会导致负的滑移界面能，即基于段的映射和初始穿透。

（1）基于段的映射　如图 10-16 所示，结点在两段的交界处检查不到渗透产生，所以会滑到接触厚度中去，此时程序发现有渗透结点存在，必定会给它施加一个接触力，把它拉回到接触面上，此时整个系统对结点做功，消耗它的接触势能（但此前没有得到动能的补充），所以表现为负的滑移界面能。

实际上的滑动界面能与计算的滑动界面能的比较如图 10-17 所示。

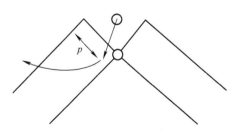

图 10-16　结点在两段交界处

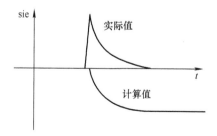

图 10-17　滑动界面能的比较

解决该问题的方法是扩充主段的接触面，如图 10-18 所示。在两段交接处使接触面能捕捉到接触渗透，由 *CONTACT 关键字中的 MAXPAR 参数调整。

$$\text{maxpar} = \frac{l + \mathrm{d}l}{l}$$

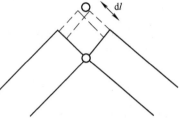

图 10-18　扩充主段接触面

（2）初始穿透　在建立有限元模型过程中，可能会存在模型之间有干涉问题。程序在开始计算时会自动检查初始穿透，若有初始穿透，则程序提出警告，并把这些结点移动到可能接触的界面上，在这个过程中，系统要对之做功，导致产生负的滑移界面能。

在 Ls_Dyna 中初始穿透会导致产生负的滑移界面能，同时由于并不是所有的从结点都会移到主表面上，所以存在的穿透结点将会导致不切实际的接触行为。

一般有以下三种方法可以解决初始穿透的问题：

1）在建立模型时应当花费时间和精力以避免有初始穿透，应尽量保持接触对中的接触空隙（考虑壳单元的厚度），但对于复杂的模型，不可避免会出现初始穿透，可根据第一次递交后程序给出的穿透信息（在 MESSAGE 和 D3HSP 文件中有详细记录），按照提示移动相关结点，调整计算模型，消除穿透。

2）对于比较小的初始穿透问题，可以通过减小接触厚度来解决，对应于 *CONTACT 关键字中的控制参数 SFST 和 SFMT。但由于缩小了接触厚度，所以为保持接触力的稳定，应相应增大罚函数刚度（控制参数 SFS 和 SFM）。该方法只对很小的初始穿透效果较好，对于大的初始穿透则可能会导致错误的结果。

3）对于初始穿透问题，可在关键字 *CONTROL_CONTACT 中增加参数 IGNORE，有多个选项可以控制、消除初始穿透，对应 *CONTACT 关键字中也有相同的参数可以对单个的接触对进行初始穿透处理。

接触阻尼刚开始主要是用来处理在金属冲压成型过程中出现的垂直于接触表面的法向数值振动问题，后来发现在碰撞中对于高频数值噪声的处理非常有效。通常定义临界阻尼的百分比值，在 *CONTACT 关键字中有 VDC 参数，该参数定义临界阻尼的百分比值，一般定义为 20。

$$\xi = \frac{\text{VDC}}{100}\xi_{\text{crit}}, \xi_{\text{crit}} = 2m\omega$$

$$\omega = \sqrt{\frac{k(m_{\text{slave}} + m_{\text{master}})}{m_{\text{slave}}m_{\text{master}}}}m = \min\{m_{\text{slave}}, m_{\text{master}}\}$$

4. 模型变形模式检查

从碰撞动画来诊断计算结果是否准确：

1）检查各部件的碰撞变形是否合理；

2）检查整个模型是否有漏缺的重要零件，特别是对计算结果影响不容忽视的零件；

3）检查各部件之间的相对运动是否正确，主要检查铰链、弹簧等连接定义是否正确；

4）检查各部件之间是否有明显穿透和干涉出现。

10.3　常见错误及解决办法

在 Ls_Dyna 计算过程中，经常会出现一些计算错误。本节对出现的一些典型错误提供一些解决方法：首先要找到计算文件中的 message 文件，用记事本打开，可以用 Ctrl + F，输入 error，从而可以很快找到错误的提示位置。

1. 滑移能偏大

现象：出现了很大且为负值的滑移能。

原因：模型中存在初始穿透。

诊断：删掉模型中所有接触定义，运行两个循环，再查看 sleout 文件，检查穿透情况，查看 d3hsp 文件中关于初始穿透的警告信息。

解决：若为简单的两块板穿透，则可考虑采用初始穿透纠正功能解决问题；若穿透情况较复杂，则需要手动消除模型初始穿透。

2. 初始动能不合理

诊断：①检查 d3hsp 中模型的总质量；②检查模型三个方向的速度；③检查 d3hsp 中各个部件的质量；④刚体的质量会合并到 master 部件中；⑤ *PART_INERTIA 中定义的速度优先级高于 *INITIAL_VELOCITY；⑥检查 matsum 中各个部件的能量（动能、沙漏能）；⑦确认定义为 *PART_INERTIA 的部件都定义了初速度；⑧确认定义为 *PART_INERTIA 的部件没有作为合并刚体中的 slave（可作为 master）；⑨部件出现很高的速度，通常是由于接触中的初始穿透引起的。

解决：针对诊断项逐项修改。

3. 计算异常终止

原因：①输入文件关键字定义错误。Ls_Dyna 对输入文件的格式要求十分严格，除默认值外，空白行是不被允许的，注释行必须以符号 "$" 开始；②单元负体积；③结点速度无限大；④网格畸变严重，计算不收敛；⑤硬盘空间不足。

诊断：在 message 文件中找到相应错误，其中第⑤条可在 d3hsp 文件中查看。

解决：针对诊断项逐项修改。

4. 实体单元负体积

现象：Ls_Dyna 计算报错：Error: Negative volume。

原因：常出现在泡沫、橡胶材料定义中：①加载在体单元上的载荷远大于单元的刚度；②应力应变曲线定义问题，外推曲线出现异常；③ Foam 单元在回弹时出现负体积；④使用 CONTACT_INTERIOR 定义在 Foam 模型上。

诊断：在 d3hsp 文件中查看相应错误。

解决：Foam 单元出现负体积时，在材料 mat_low_density 上增加一定阻尼；在实体单元上赋一层 Null 壳单元，而后使用 automatic single surface contact；定义 Foam 材料的应力 - 应变曲线时，曲线必须平滑。

5. 结点速度无限大

现象：Ls_Dyna 计算报错：Error: Node velocity out of range；结果动画表现为结点突然从表面呈爆炸状飞出。

原因：一般是由于材料参数的单位不一致引起的，在建立模型时应注意单位的统一；或因为在本该发生接触的地方没有定义接触或者接触定义错误。

诊断：①显示碰撞动画的最后一步；②取出带有发散点的部件；③反转显示部件；④检查该部件的部件号；⑤在前处理中，检查该部件的网格，包括模型中的裂缝、单排单元等；⑥检查对应部件的异常出现的过程，找到最初出现异常的位置；⑦检查重合单元；⑧检查部件的材料和属性；⑨检查接触定义。

解决：针对诊断项逐项修改。

6. 时间步长太小

现象：单位时间步计算时间冗长。

原因：时间步设置不合理。

诊断：在试运行中关掉质量缩放，检查单元的时间步长信息；检查材料属性中是否使用了正确的单位制；检查 Foam 的应力 - 应变曲线；检查 Beam 单元的材料和属性；检查梁单元和阻尼单元，确定两端没有连接在零质量的结点上；检查是否因为初始穿透调整导致了单元尺寸变化；如果梁单元参与接触，则也应该 offset。

解决：查看整个模型的变形动画；如果是做前碰分析，则也需要检查后部结构的变形。特别时后部的接触；查看断面，确定接触计算没有异常；查看速度、塑性应变和应力的变化情况。

7. 刚性单元与柔性单元连接定义错误

现象：

```
***Error part #:        0 is out-of-range
      0        266
            Input phase will continue if possible
***Error undefined node #:        0
    0

            input phase will continue if possible
***Warning *CONSTRAINED_EXTRA_NODES_..
        Keyword is mispelled - assuming NODE option
        KEYWORD typed as - *CONSTRAINED_EXTRA_NODES_

        Check Input deck
```

原因：模型中定义的 extra nodes 的刚体被删除或者是结点所依附的单元被删除。

诊断：在 K 文件中找出所有以下类型的关键字，即 Part ID 或者 Node ID/ Node set 为 0。

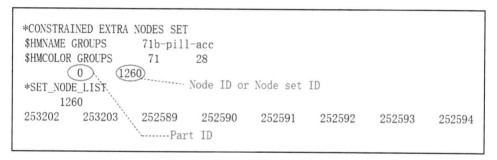

解决：删除关键字。

8. 未定义零部件材料信息或缺失

现象：

```
*** Error 10304 (KEY+304)
    CHECKING MATERIAL INPUT Part ID=114
    PART ID 114 with
    SECTION ID 137 and
    MATERIAL ID 77 does not exist.
    This is PART 110 in the order of input.
```

原因：这个错误是没有将添加零件材料。

解决：找到错误提示的零件编号，然后在前处理设置中找到这个零件并添加正确的材料即可。

9. 计算内存设置偏小

现象：

```
*** Error 70021 (OTH+21) (processor # 0)

Memory is set 37981332 words short

memory size 400000000

Increase the memory size by one of the following

where #### is the number of words requested:

 1) On the command line set - memory=####

 2) In the input file define memory with *KEYWORD

 i.e., *KEYWORD #### or *KEYWORD memory=####
```

原因：这个错误表示计算机配置的内存不够。

解决：有两种解决办法，一是增加计算内存或换一台性能更好的计算机进行计算；二是将不关键的零件或者不关键的特征网格尺寸加大，将网格数量减少，并将其他无关设置都删掉。

10. 重复定义连接

现象：

```
*** Error 20367 (STR+367)
    rigid body 3 already contains extra node 172
*** Error 20367 (STR+367)
    rigid body 3 already contains extra node 173
```

原因：这个错误表示壳体与实体有部分接触面有共结点，但是依然用了刚性体与变形体相连接的关键字 *constrained_extra_nodes_set。

解决：因为有共结点部分，所以可以不用添加任何连接，两个零件自然可以牢固相连，因此将多余的连接去掉即可解决问题。

第 11 章

机械安全模型后处理

11.1 查看结构件应力、应变、位移云图

双击图标" Hyperview 2019",打开软件界面,按图 11-1 和图 11-2 所示操作导入结果文件".h3d"并选取需要查看的下拉模块,查看位移、应力应变等。

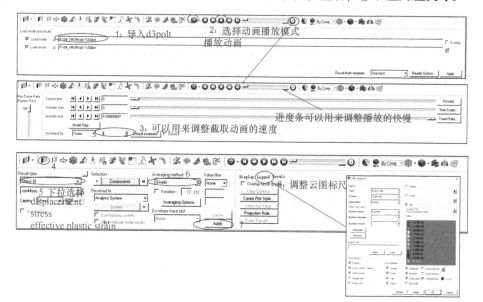

图 11-1 位移、应变、应力云图查看示意图

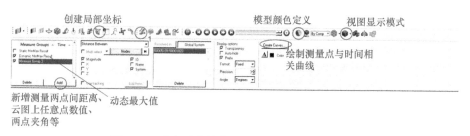

图 11-2 动态最大数值、结点位移等查看示意图

11.2 查看能量曲线、截面力、接触力等二维数据

通过 HyperGraph—binout—glstat 查看，如图 11-3 和图 11-4 所示。

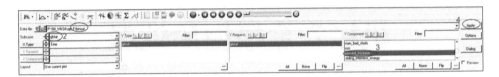

图 11-3　二进制曲线文件查看示意图

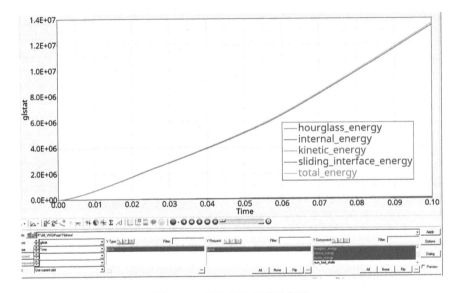

图 11-4　能量曲线查看示意图

binout 为输出二进制文件的主文件，输出内容与输出卡片定义相关。常见如图 11-5 所示。

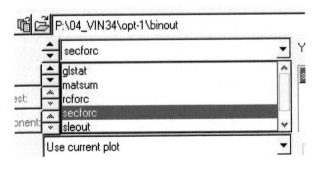

图 11-5　局部二进制文件示意图

glstat：包含模型总能量，内能、动能、滑移能、沙漏能、侵蚀能、刚性墙能、阻尼能等，还包含质量增加及质量增加百分比等。

matsum：包含各个结构件的内能动能等。

rcforc：包含接触对的相互作用力。

secforc：截面力。

sleout：接触对的滑移能。

nodeout：输出结点的位移、加速度、速度等。

11.3　结果评价

结果的分析需要根据不同的工况、结合具体的要求评判不同的结构或系统。在考虑结构是否破裂的情况时，可考虑结构件的塑性变形结果。各个工况具体判定依据应根据相关要求确定，限值可根据试验测得或者通过经验值获取。

第4部分

标准建模 - 机械可靠模型

第12章

机械可靠模型材料和属性创建

12.1 材料创建

电池单体、电池模块和电池包在进行机械可靠性 CAE 分析时，应按设计要求进行材料设置。具体可按以下规定进行。

模态、惯性力、刚度、优化、随机振动等分析时，应按材料弹性段的以下参数进行选取：

1）密度（RHO）；

2）弹性/压缩模量（E）；

3）泊松比（NU）。

操作如图 12-1 所示，单击材料按钮，然后单击 Create，获得下列参数：

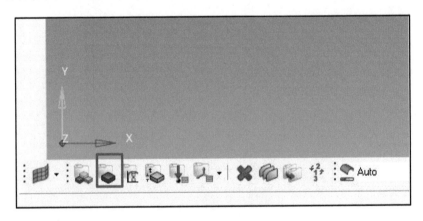

图 12-1　材料参数设置

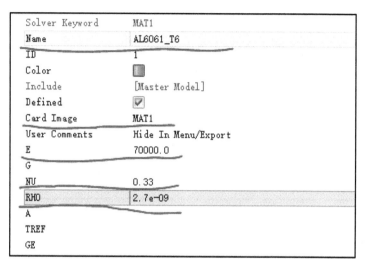

图 12-1　材料参数设置（续）

1）Name 具体命名参照建模规范，如 AL6061_T6；

2）Card Image 选择 MAT1（各项同性）；

3）E 弹性模量（单位为 MPa）；Nu 泊松比；RHO 密度（单位为 t/mm^3）。

12.2　属性创建

电池单体、电池模块和电池包在进行机械可靠性 CAE 分析时，应按设计要求进行属性设置。具体可按以下规定进行。

2D/3D 操作如图 12-2 所示，单击属性按钮，然后单击 Create，获得下列参数：

1）Name 具体命名参照建模规范，如 AL6061_T6_Shell_120；

2）Card Image 选择 PSHELL（实体选择 PSOLID）；

3）T 壳体厚度（单位为 mm）/ 实体单元无此选项。

1D 操作如图 12-3 所示，单击属性按钮，然后单击 Create，获得下列参数：

1）Name 具体命名参照建模规范，如 Beam_1D_600；

2）Card Image 选择 PBeam；

3）Material 设置梁的材料和 BeamSection 选择设置好的梁单元尺寸。

Beam 单元截面信息创建：在左侧浏览器空白处右键单击 Create—Beamsection，具体操作如图 12-4 所示。

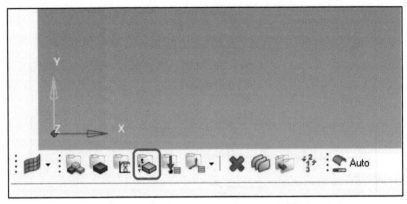

图 12-2　2D/3D 属性设置

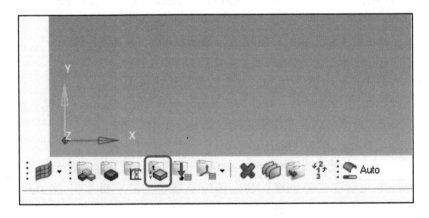

图 12-3　1D 属性设置

Name	Value
Solver Keyword	PBEAM
Name	Beam_1D_600
ID	1
Color	▨
Include	[Master Model]
Defined	☑
Card Image	PBEAM
Material	(1) STEEL
User Comments	Hide In Menu/Export
Beam Section	(1) Beam_6mm
PBEAM_CARD3 =	0
Aa	12
I1a	16.5
I2a	128.5
I12a	0
Ja	47.005208333333

图 12-3　1D 属性设置（续）

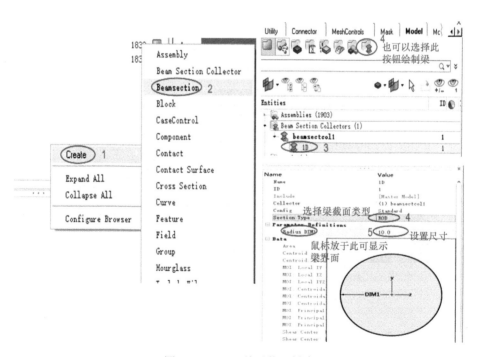

图 12-4　Beam 单元截面创建

第13章

模型连接处理及卡片输出

13.1 螺栓连接

根据建模需求可将螺栓连接简化为 Rbe2 单元连接模型、Rbe2 + Beam 单元连接模型、3D 螺栓分析模型。

采用 Rbe2 单元方式等效：不关注螺栓本身受力时，使用 Rbe2 单元建立螺栓连接，螺栓孔周围需建立 Washer，上连接件与下连接件的 Washer 单元直接使用 Rbe2 连接。

> 注：当螺栓长度较短，小于 370 模组端板高度，不考虑螺栓预紧力影响时，可采用该方式，如图 13-1 所示。

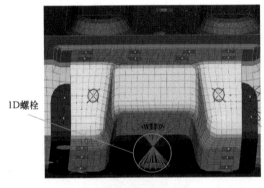
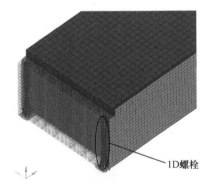

a) 1D 螺栓模型连接方式一　　　　　　　　b) 1D 螺栓模型连接方式二

图 13-1　1D 螺栓模型

采用 Rbe2 + Beam 单元方式等效：使用 Rbe2 单元建立螺栓连接，螺栓孔周围需建立 Washer，上连接件与下连接件的 Washer 分别使用 Rbe2 连接，螺柱使用 Beam 梁单元模拟，Beam 单元直径根据实际螺栓规格定义。

注：当螺栓长度较长，超过 370 模组端板高度时和考虑螺栓预紧力影响时，采用此种方式，如图 13-2 所示。

2D螺栓

图 13-2　2D 螺栓模型

关注螺栓本身受力时，需建立 3D 螺栓模型和相应连接件，螺栓孔周围需建立 Washer，如图 13-3 所示。

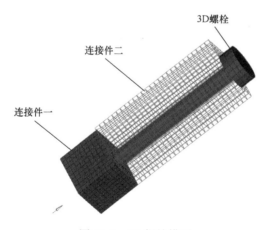

3D螺栓

连接件二

连接件一

图 13-3　3D 螺栓模型

13.2　焊接连接

常见的焊接方式包括电阻焊 / 点焊、TIG/MIG 焊、CMT 焊、激光焊、搅拌摩擦焊等，在相互平行面焊接时，优先使用电阻焊，焊核直径一般选取 6mm，体单元选用一层结点类型并赋予焊接单元焊缝材料属性。

当零件焊接截面类型为 T 形、L 形时，一般使用 TIG 焊或 MIG 焊，可用单元共结点方式直接连接，即相邻零部件单元直接共结点等效焊接，或使用缝焊方式，焊缝单元选用一层结点类型并赋予焊接单元焊缝材料属性，一般取焊缝长 40～60mm，间距为 100mm。其他如 CMT 焊和激光焊连接可参考缝焊方式，焊接连接的要求如下。

建立六面体焊接单元，薄板件焊接优先采用该方式，如图 13-4 所示。

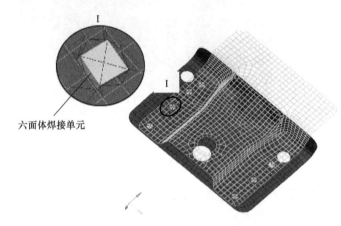

图 13-4　六面体焊接方式

建立单元共结点连接方式，关键零部件焊接谨慎选用此种方式，此外，铝合金型材箱体边框间焊接以及搅拌摩擦焊连接也可采用共结点方式连接，如图 13-5 所示。

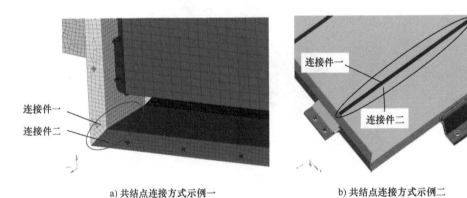

a) 共结点连接方式示例一　　　　　　　　b) 共结点连接方式示例二

图 13-5　单元共结点连接方式

承重梁与边框之间连接，采用承重梁与边框单元结点相对，焊接宜用壳单元连接，壳单元材料宜选用焊缝材料，如图 13-6 所示。

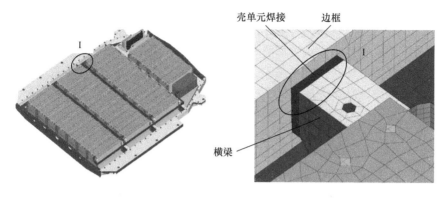

| a) 铝型材电池包网络模型 | b) 铝型材箱体横梁与边框焊接示意图 |

图 13-6　承重横梁与边框焊接处理

13.3　胶粘连接

目前采用的胶粘连接有两种处理方式。

（1）实体单元加柔性单元连接方式　采用该方式连接相邻的两个零件，solid 单元赋予胶水固化后的材料属性，如图 13-7 所示。连接方式创建时还需考虑以下方面：

1）用于较大区域与平整的壳单元之间、壳单元与实体单元之间、实体单元与实体单元之间的胶粘单元连接；

2）被连接部件的网格单元尺寸不能相差较大；

3）被连接部件相对的网格侧面形状应为四边形，避免出现三角形网格；

4）连接的两个部件网格应具有较高的单元质量。

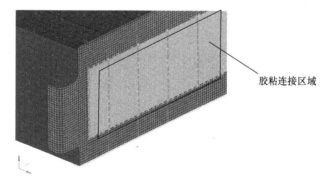

胶粘连接区域

图 13-7　胶粘连接的实体加柔性单元处理方式

（2）共结点连接方式　即胶粘单元采用 solid 六面体建模，胶粘实体单元的一侧结点与零件接触面采用共结点方式，胶另一侧结点与相应零件接触面绑定的方式，如图 13-8 所示。

> 注：采用共结点连接方式对网格质量要求较高，前处理较为复杂，此种方式
> 建模只需创建实体胶粘单元，不需创建柔性单元，胶粘实体单元一侧与
> 对应零件接触面共结点，另一侧与对应零件接触面绑定，创建成功率较
> 高，实体单元的材料属性根据实测获得。

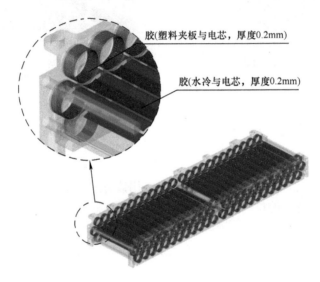

胶(塑料夹板与电芯，厚度0.2mm)

胶(水冷与电芯，厚度0.2mm)

图 13-8　胶粘连接共结点处理方式

13.4　接触设置

13.4.1　电池模组与箱体

电池模组与箱体底板应对接触进行设置，接触刚度默认自动计算。电池模组和箱体接触位置如图 13-9 所示，模组底部与箱体之间创建摩擦接触时（摩擦系数通常为 0.2），需使用非线性求解器进行计算。

13.4.2　模组接触设置

系统内模组建模时可适当简化，以下主要介绍五种类型模组的接触设置：

1）标准模组：接触设置主要在于两端端板和电芯之间，将电芯和两端端板建立绑定接触，以带打包带模组为例，其接触效果如图 13-10 所示。

2）圆柱电芯模组：其接触设置主要是电芯两端与模块盒之间，电芯两端与对应模块盒分别建立绑定接触，如图 13-11 所示。

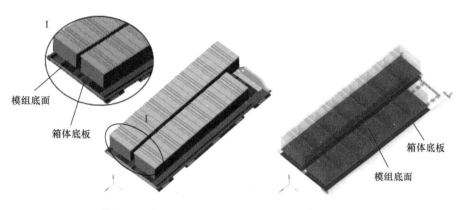

a) 模组和箱体底板接触位置示意　　　　b) 模组和箱体底板间接触效果

图 13-9　电池模组和箱体底板接触位置与效果

a) 模组端板和电芯接触位置　　　　b) 模组端板和电芯接触效果

图 13-10　标准模组接触设置示意

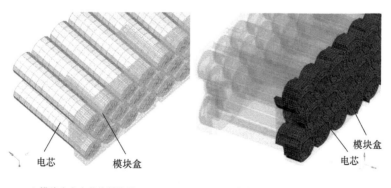

a) 模块盒和电芯接触位置　　　　b) 模块盒和电芯接触效果

图 13-11　圆柱电芯模组接触设置示意

3）软包模组：其接触设置主要是电芯与电芯之间，电芯与内部缓冲泡棉之间，电芯底部胶层与罩壳之间，电芯底部与胶层之间，对于电芯与电芯之间，电芯与缓冲泡棉之间及电芯底部与胶层之间建议直接采用共结点方式等效接触，电芯底部胶层与罩壳之间采用绑定接触，接触示意如图 13-12 所示。

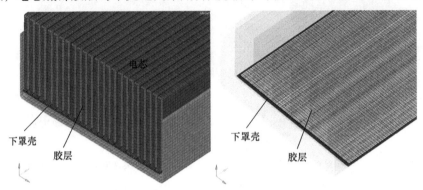

a)下罩壳和胶层接触位置   b)下罩壳和胶层接触效果

图 13-12 底部胶层与罩壳间接触设置示意

4）带压条模组：其接触设置为压条和模组上盖板之间，模组上盖板与电芯之间，分别设置绑定接触，模组如果为电芯壳体加实体网格填充方式建模，电芯之间也需绑定接触，如图 13-13 所示。

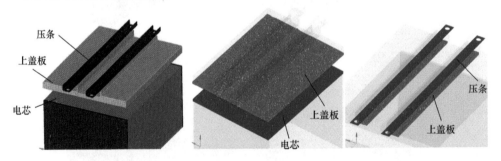

a)模组上盖板与电芯间接触示意图 b)模组上盖板和电芯间接触示意图 c)模组压条和上盖板间接触示意图

图 13-13 带压条模组接触设置示意

5）柔性大模组：目前大模组是根据公司已有小模组通过结构上的连接组合而成的，具体建模时可根据模组结构形式，建立合适的接触设置。

13.5 结果输出卡片设置

结果输出卡片用于将模型计算结果通过图形或曲线的形式表示。计算结果中输出结构件加速度、位移、应力、应变、接触力等参数应在其输出卡片中进行设置。基于 hyperworks 环境，结果输出卡片设置见表 13-1。

表 13-1　结果输出卡片设置

关键字	输出参数
*PARAM	总控制（包括阻尼等参数，一般选取 0.05～0.15）
*OUTPUT	文件格式，如 *.op2/*.h3d
*CONTF	接触力
*ACCELERATION	加速度
*STRESS	应力
*GLOBAL-OUTPUT-REQUEST	位移、应变等

1）模态惯性力无需卡片设置，默认即可。

2）随机振动卡片设置如图 13-14 所示。

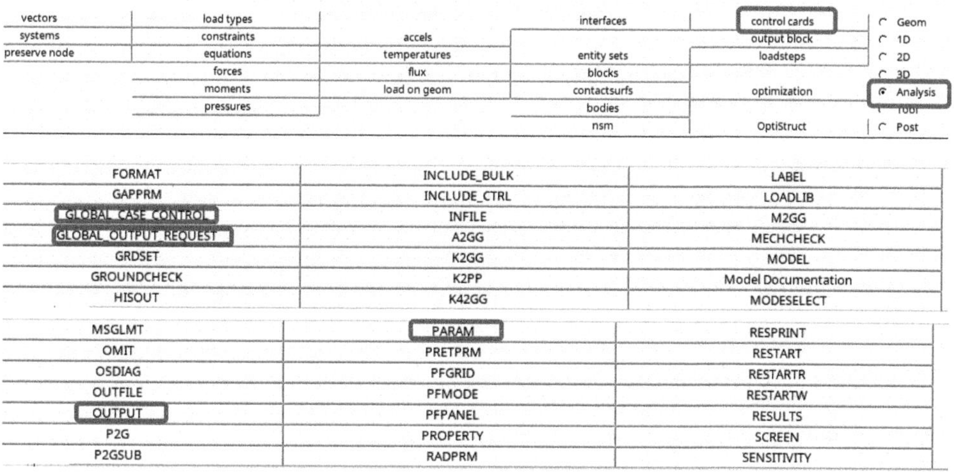

图 13-14　属性设置

3）阻尼设置为 0.04，如图 13-15 所示。

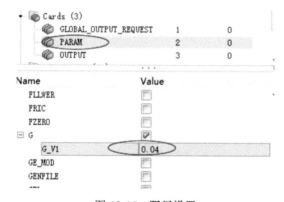

图 13-15　阻尼设置

4）输出设置 H3D 格式，如图 13-16 所示。

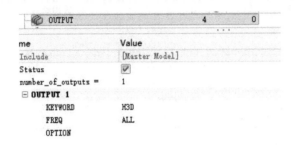

图 13-16　输出格式设置

5）输出控制设置，输出随机振动，如图 13-17 所示。

图 13-17　输出控制设置

6）输出结果设置，输出 stress，设置如图 13-18 所示。

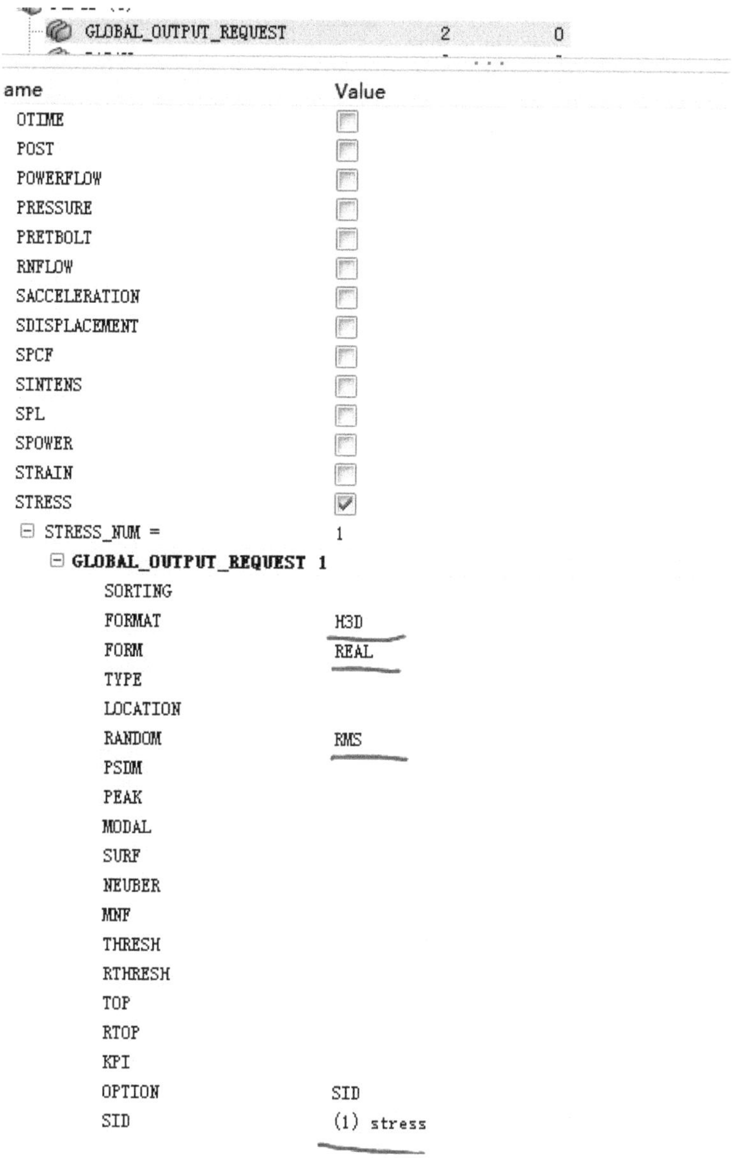

GLOBAL_OUTPUT_REQUEST	2	0

ame	Value
OTIME	☐
POST	☐
POWERFLOW	☐
PRESSURE	☐
PRETBOLT	☐
RNFLOW	☐
SACCELERATION	☐
SDISPLACEMENT	☐
SPCF	☐
SINTENS	☐
SPL	☐
SPOWER	☐
STRAIN	☐
STRESS	☑

STRESS_NUM =　1

GLOBAL_OUTPUT_REQUEST 1

SORTING	
FORMAT	H3D
FORM	REAL
TYPE	
LOCATION	
RANDOM	RMS
PSDM	
PEAK	
MODAL	
SURF	
NEUBER	
MNF	
THRESH	
RTHRESH	
TOP	
RTOP	
KPI	
OPTION	SID
SID	(1) stress

图 13-18 输出结果设置

第 14 章

工 况 分 析

14.1 模态和惯性力分析

14.1.1 约束设置

工况约束条件设置有以下几种情况：

1）考虑振动工装时，将电池包与振动工装两者的吊耳结构通过螺栓进行连接，需约束工装安装孔六个方向的自由度，如图 14-1 所示。

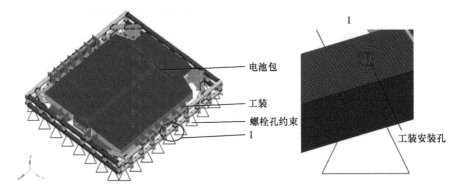

图 14-1 随机振动工况分析模型（考虑振动工装）

2）不考虑振动工装时，需约束电池包吊耳安装孔六个方向的自由度，如图 14-2 所示。

具体操作如下（见图 14-3）：

1）选择 loadcol，命名为 spc，卡片设置无；

2）单击 create 按钮，在 Analysis 面板选择 constraints；

3）nodes 选择需要约束的结点；

4）Relative size 表示约束符号的显示大小，对计算结果无影响；

5）dof1 ~ dof6 设置为 0 表示约束 6 个方向自由度，loadtype 默认为 SPC；

6）单击 create，完成设置。

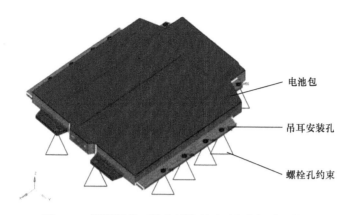

电池包

吊耳安装孔

螺栓孔约束

图 14-2　随机振动工况分析模型（不考虑振动工装）

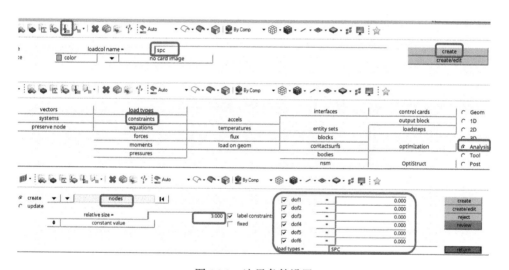

图 14-3　边界条件设置

14.1.2　载荷设置 - 模态

具体操作如下（见图 14-4）：

1）选择 loadcol，命名 modal，卡片设置 EIGRL，单击 create 按钮；

2）Name 已经命名；Card Image 选择 EIGRL；

3）V1 和 V2 代表输出频率范围（通常不设置）；

4）ND 代表输出频率阶数（设置 6 代表输出前 6 阶频率）。

14.1.3　载荷设置 - 惯性力

具体操作如下（见图 14-5）：

1）选择 loadcol，命名 X_3G，卡片设置 GRAV，单击 create 按钮；

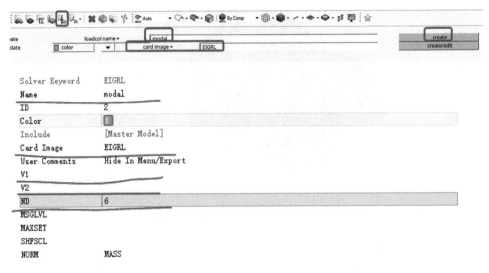

图 14-4 载荷设置（模态）

2）Name 已经命名；Card Image 选择 GRAV；

3）G 代表单位加速度（$1g = 9.8\text{m/s}^2 = 9800\text{mm/s}$）；

4）N1，N2，N3 分别代表 X，Y，Z 三个方向（X 向 3g 惯性力可设置为 G = 9800，N1 = 3 或者 G = 29400，N1 = 1）。

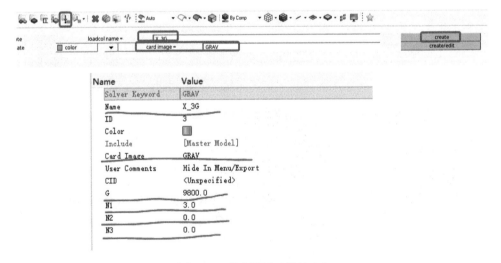

图 14-5 载荷设置（惯性力）

14.1.4 工况设置 - 模态

具体操作如下（见图 14-6）：

1）选择 Analysis 面板下 loadsteps 按钮，单击 CREATE，获得如下参数面板；

2）Name 命名为 modal；

3）SPC 选择已经建立好的约束"spc"；

4）METHOD 选择已经建立的 modal。

vectors	load types		interfaces	control cards	⊙ Geom
systems	constraints	accels		output block	⊙ 1D
preserve node	equations	temperatures	entity sets	loadsteps	⊙ 2D
	forces	flux	blocks		⊙ 3D
	moments	load on geom	contactsurfs	optimization	⊙ Analysis
	pressures		bodies		⊙ Tool
		nsm		OptiStruct	⊙ Post

```
Solver Keyword          SUBCASE
Name                    modal
ID                      1
Include                 [Master Model]
User Comments           Hide In Menu/Export
⊟ Subcase Definition
  ⊟ Analysis type       Normal modes
     SPC                (1) spc
     MPC                <Unspecified>
     METHOD (STRUCT)    (2) modal
     METHOD (FLUID)     <Unspecified>
     STATSUB (PRELOAD)  <Unspecified>
⊟ SUBCASE OPTIONS
```

图 14-6   工况设置（模态）

14.2   随机振动分析

14.2.1   约束设置

约束设置参照 14.1.1 节约束设置。建议随机振动分析所有约束孔使用一个 RBE2 连接，方便加载如图 14-7 所示。

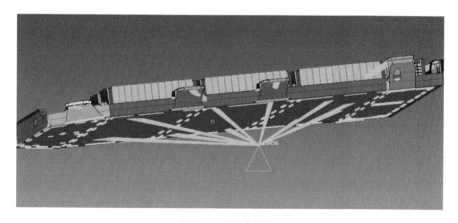

图 14-7   约束设置

14.2.2　载荷设置 –SPCD

位移速度加速度的激励使用 SPCD（在施加 SPCD 的同一自由度施加 SPC，否则计算报错），力的激励使用 DAREA。这个约束会被 RLOAD1 或 RLOAD2 调用。

随机振动分析，三个方向设置一致，本次示例以 X 向进行演示。具体操作如下（见图 14-8）：

1）选择 loadcol name，命名为 spcd_x，卡片设置无，单击 create 按钮，在 Analysis 面板选择 constraints；

2）nodes 选择需要约束的结点；

3）relative size 表示约束符号的显示大小，对计算结果无影响；

4）dof1 设置为 9800，表示 X 向激励，loadtype 改为 spcd；

5）单击 Create，完成。

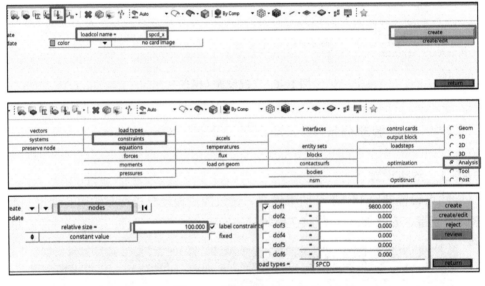

图 14-8　载荷设置（SPCD）

14.2.3　载荷设置 –FREQ

FREQ 中 Card Image 为 FREQi（i 可以为 0 ~ 5），操作如下：选择 loadcol，命名为 FREQ，卡片设置 FREQI，单击 create 按钮，获得如图 14-9 所示参数界面，一般选择 FREQ1 配合 FREQ4 联合使用。

FREQ1 一般表示等比例分布，比如 GB38031 频率范围为 5 ~ 200，可以设置初始 F1 = 5Hz，增幅 DF = 5Hz，增量步数 NDF = 39，形式为（5,10,15,20,…,200 分布）。FREQ4 表示针对模态点附近的频率进行加密分布，

PSPD = 0.1 表示模态附近 10% 范围进行插值（例如，模态 40，插值范围就是 $40-40 \times 0.1 = 36Hz \sim 40 + 40 \times 0.1 = 44Hz$）NFM = 5 表示插值点为 5 个（例如，$36 \sim 44Hz$，插值后为 36,38,40,42.44）。

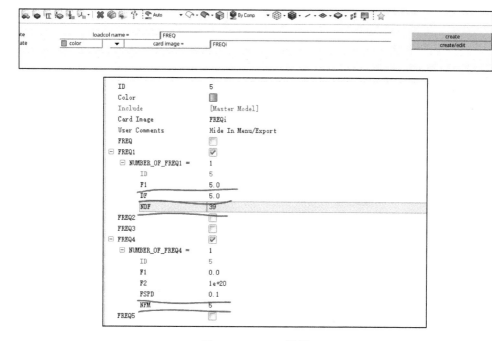

图 14-9　FREQi 设置

14.2.4　载荷设置 –EIGRL

模态设置，随机振动一般基于模态法，所以要进行模态设置。模态设置面板参考模态分析 14.1.2 节，如图 14-10 所示。命名为 EIGRL，CardImage 设置为 EIGRL，由于本次分析基于随机振动需要，随机振动范围为 $5 \sim 200Hz$，所以模态计算范围设置为随机振动 2 倍就可以，即 V2 = 400，表示 400Hz 以内模态都输出。

14.2.5　载荷设置 –TABLED1

TABLED：card image 为 TABLED 的 Loadcollector，用于定义激励大小随机频率变化的曲线，通常被 RLOAD1 或 RLOAD2 引用。操作如下：选择 Loadcol，命名 TABLED1，卡片设置 TABLED1，单击 create 按钮，获得如图 14-11 所示参数界面。只需要设置 X 轴和 Y 轴简单线性加载，分别选择 LINEAR 和 LINEAR。表格设置如图 14-11 所示。X 范围为 $0 \sim 200Hz$，Y 均设置为 1。

Solver Keyword	EIGRL
Name	EIGRL
ID	2
Color	
Include	[Master Model]
Card Image	EIGRL
User Comments	Hide In Menu/Export
V1	
V2	400.0
ND	
MSGLVL	
MAXSET	
SHFSCL	
NORM	MASS

图 14-10　EIGRL 设置

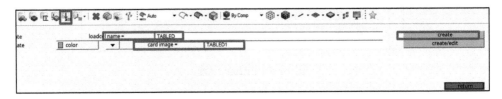

图 14-11　TABLED1 设置

14.2.6　载荷设置 –RLOAD2

RLOAD2 为载荷集主要调用设置的 SPCD 和加载曲线。如图 14-12 所示，调用单位激励 SPCD 和加载曲线 TABLED 以及加载类型 ACCE（加速度）。

图 14-12　RLOAD2 设置

14.2.7　载荷设置 –TABRAND1

TABRAND1 为设置的随机振动功率谱密度表，例如，GB 38031 中 X 向数据设置如下：X 和 Y 轴坐标形式设置为 log，表格数据设置如图 14-13 所示。

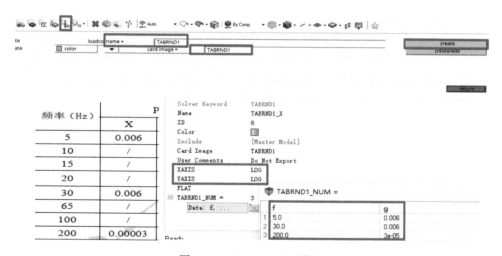

频率（Hz）	X
5	0.006
10	/
15	/
20	/
30	0.006
65	/
100	/
200	0.00003

图 14-13　TABRAND1 设置

14.2.8　载荷设置 –RANDPS

功率谱密度是结构在随机动态载荷激励下响应的统计结果，通常采用功率谱密度值 - 频率值的关系曲线表示，其中功率谱密度类型包括位移功率谱密度、速度功率谱密度、加速度功率谱密度、力功率谱密度形式。

功率谱密度载荷卡片（RANDPS）设置包括以下部分（见图 14-14）：

1）其中，J、K 为激励载荷工况，K ≥ J，X/Y 为功率放大系数，功率放大因子由 X 和 Y 控制，本例采用 MM-MPa 单位闭合，故而功率谱密度放大因子 X + iY = 1，所以 X = 1，Y = 0 且采用自谱，即 J = K。

2）功率谱密度输入表由功率谱密度输入卡片（TABRND1）确定。

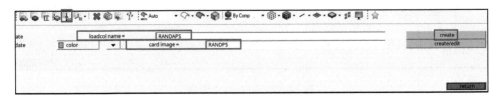

图 14-14　RANDPS 设置

14.2.9　激励工况设置 –FRA_X

具体操作如下（见图 14-15）：

1）选择 Analysis 面板下 loadsteps 按钮，单击 create，获得如下参数面板；

2）设置名字命名为 FRA_X；

3）Analysis type 选择 Fre.resp（modal）（基于模态法随机振动）；

4）调用设置好的 SPC，DLOAD，method，FREQ；

5）打开 LABLE 和 ANALYSIS。

load types		interfaces	control cards	○ Geom
constraints	accels		output block	○ 1D
equations	temperatures	entity sets	loadsteps	○ 2D
forces	flux	blocks		○ 3D
moments	load on geom	contactsurfs	optimization	◉ Analysis
pressures		bodies		○ Tool
		nsm	OptiStruct	○ Post

图 14-15　FRA_X 设置

14.2.10　激励工况设置 –RANDOM_X

具体操作如下（见图 14-16）：

1）选择 Analysis 面板下 loadsteps 按钮，单击 create，获得如下参数面板；

2）设置名字命名为 RANDOM_X；

3）Analysis type 选择 RANDOM（基于模态法随机振动）；

4）调用设置好的 RANDPS_X 打开 LABLE 和 ANALYSIS。

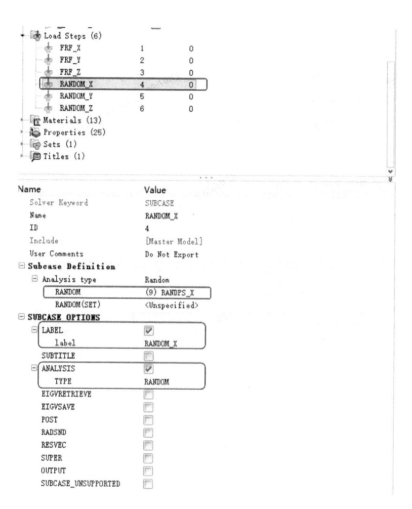

图 14-16 RANDOM_X 设置

第15章

机械可靠模型检查、计算文件生成及提交计算

15.1 模型检查及计算文件生成

在工况加载之后，对整个模型的错误进行检查，操作如图 15-1 所示。

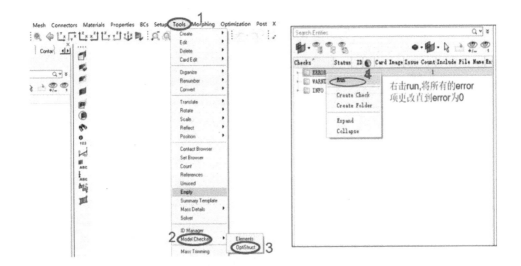

图 15-1 模型检查

在上述模型错误检查完毕后，在对整个模型的计算可行性进行检查，操作如图 15-2 所示。

试算出现错误信息后，查看错误信息，并修改模型，直至无错误出现为止，之后即可导处计算文件，文件格式为 .fem 格式，操作如图 15-3 所示。

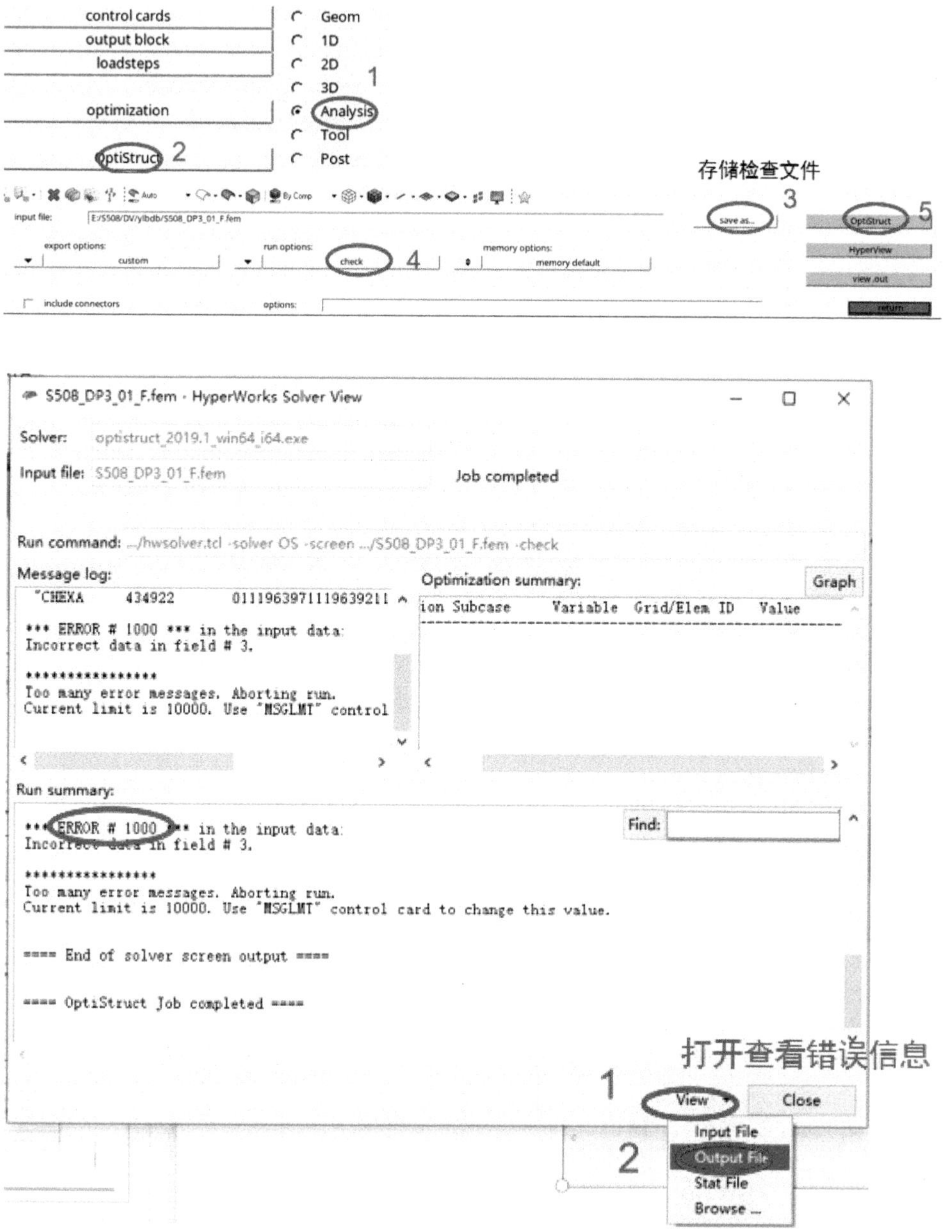

control cards

output block

loadsteps

optimization

OptiStruct 2

- Geom
- 1D
- 2D
- 3D
- ● Analysis 1
- Tool
- Post

存储检查文件

save as... 3

OptiStruct 5

HyperView

view .out

input file: E:/S508/DV/ylbdb/S508_DP3_01_F.fem

export options:
custom

run options:
check 4

memory options:
memory default

include connectors

options:

S508_DP3_01_F.fem - HyperWorks Solver View — □ ×

Solver: optistruct_2019.1_win64_i64.exe

Input file: S508_DP3_01_F.fem   Job completed

Run command: .../hwsolver.tcl -solver OS -screen .../S508_DP3_01_F.fem -check

Message log:

```
"CHEXA      434922      0111963971119639211
*** ERROR # 1000 *** in the input data:
Incorrect data in field # 3.

****************
Too many error messages. Aborting run.
Current limit is 10000. Use "MSGLMT" control
```

Optimization summary: Graph

```
ion Subcase    Variable  Grid/Elem ID    Value
```

Run summary:

```
***ERROR # 1000 *** in the input data:
Incorrect data in field # 3.

****************
Too many error messages. Aborting run.
Current limit is 10000. Use "MSGLMT" control card to change this value.

==== End of solver screen output ====

==== OptiStruct Job completed ====
```

Find:

打开查看错误信息

1 View ▾   Close

2
Input File
Output File
Stat File
Browse ...

图 15-2　可行性检查

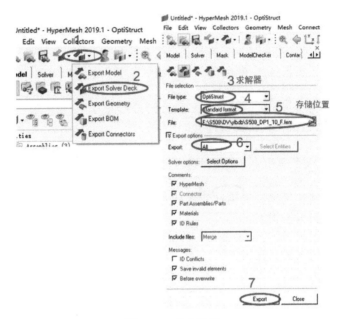

图 15-3 导出设置

15.2 提交计算

打开 Optistruct，Input—选择计算文件—Run，弹出对话框后开始计算，当显示 100% 时，计算完成，可查看计算结果，如图 15-4 所示。

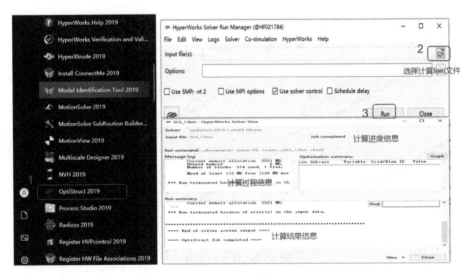

图 15-4 提交计算设置

15.3   常见错误及调试方法

1）ERROR#1000：Component 材料属性缺失，检查 Component，将未赋予属性的零件重新赋予属性。错误提示如下：

```
*** ERROR # 1000 *** in the input data:
Incorrect data in field # 3.

***************
Too many error messages. Aborting run.
Current limit is 10000. Use "MSGLMT" control card to change this value.


==== End of solver screen output ====


==== OptiStruct Job completed ====
```

2）ERROR#2372：单元类型错误，可通过 2D-elem types 检查单元类型。

```
*** ERROR # 2372 ***
No PGASK properties exist in the bulk data.
*** ERROR 14: Missing property #    30 referenced by  CGASK6 # 27662314.
*** ERROR 14: Missing property #    30 referenced by  CGASK6 # 27662315.
*** ERROR 14: Missing property #    30 referenced by  CGASK6 # 27662316.
*** ERROR 14: Missing property #    30 referenced by  CGASK6 # 27662317.
*** ERROR 14: Missing property #    30 referenced by  CGASK6 # 27662318.
*** ERROR 14: Missing property #    30 referenced by  CGASK6 # 27662319.
*** ERROR 14: Missing property #    30 referenced by  CGASK6 # 27662320.
*** ERROR 14: Missing property #    30 referenced by  CGASK6 # 27662321.
*** ERROR 14: Missing property #    30 referenced by  CGASK6 # 27662322.
*** ERROR 14: Missing property #    30 referenced by  CGASK6 # 27662323.
*** ERROR 14: Missing property #    30 referenced by  CGASK6 # 27662324.
*** ERROR 14: Missing property #    30 referenced by  CGASK6 # 27662325.
*** ERROR 14: Missing property #    30 referenced by  CGASK6 # 27662326.
*** ERROR 14: Missing property #    30 referenced by  CGASK6 # 27662327.
*** ERROR 14: Missing property #    30 referenced by  CGASK6 # 27662328.
*** ERROR 14: Missing property #    30 referenced by  CGASK6 # 27662329.
*** ERROR 14: Missing property #    30 referenced by  CGASK6 # 27662330.
*** ERROR 14: Missing property #    30 referenced by  CGASK6 # 27662331.
*** ERROR 14: Missing property #    30 referenced by  CGASK6 # 27662332.
*** ERROR 14: Missing property #    30 referenced by  CGASK6 # 27662333.
*** ERROR 14: Missing property #    30 referenced by  CGASK6 # 27662334.
*** ERROR 14: Missing property #    30 referenced by  CGASK6 # 27662335.
*** ERROR 14: Missing property #    30 referenced by  CGASK6 # 27678206.
*** ERROR 14: Missing property #    30 referenced by  CGASK6 # 27678207.
*** ERROR 14: Missing property #    30 referenced by  CGASK6 # 27678208.
*** ERROR 14: Missing property #    30 referenced by  CGASK6 # 27678209.
*** ERROR 14: Missing property #    30 referenced by  CGASK6 # 27678210.
*** ERROR 14: Missing property #    30 referenced by  CGASK6 # 27678211.
*** ERROR 14: Missing property #    30 referenced by  CGASK6 # 27678212.
*** ERROR 14: Missing property #    30 referenced by  CGASK6 # 27678213.
*** ERROR 14: Missing property #    30 referenced by  CGASK6 # 27678214.
*** ERROR 14: Missing property #    30 referenced by  CGASK6 # 27678215.
```

○ 1D	■	tria3 =	CTRIA3	□	tria6 =	CTRIA6
◉ 2D & 3D	■	quad4 =	CQUAD4	■	quad8 =	CQUAD8
	■	tetra4 =	CTETRA	□	tetra10 =	CTETRA
	□	pyramid5 =	CPYRA	□	pyramid13 =	CPYRA
	■	penta6 =	CGASK6	□	penta15 =	CPENTA
	■	hex8 =	CHEXA	□	hex20 =	CHEXA

3）修改模型过程中可能会导致接触出错，需要将原先设置的接触对及接触面删除，再重新创建，否则会出现以下错误：

```
*** See next message about line 72834 from file:
    C385_EVE_230203_++dianpian_wuxgpm_227.fem
  "SURF          482ELFACE"
Syntax error(s) found in bulk data 'SURF' card.
```

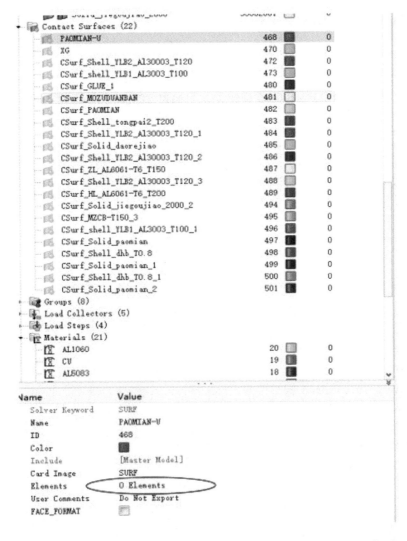

4）ERROR#2094：随机振动激励 load typs 设置将 SPCD 设置成了 SPC。

There were 3 error messages during input processing.

The first message is repeated below:

*** ERROR # 2094 ***

EXCITEID on RLOAD2 # 5 data references nonexistent

SPCD # 13.

5）ERROR#78：card image 应该设置为 PSOLID。

A fatal error has been detected during input processing:

*** ERROR # 78 ***

PLSOLID data can only reference MATHE data.

This error is for MID # 5,

referenced by PLSOLID # 9.

6）ERROR#1481：出现这个错误提示经常是由于模型是从其他有限元分析软件导入 Hypermesh 中的。由于模型导入时将其他软件的设置卡片也导入了 Hypermesh 中，而 Optistruct 求解器无法识别这些控制卡片，因此会提示此错误。

解决方法：找到相应的无效控制卡片将其删除即可。在 Cards 结构树中可以查看所有定义的卡片。

*** ERROR # 1481 *** in the input data:

Control card without the name in the firstfield.　(Possibly missing trailing commain the preceding card, missing BEGIN BULK card or line before BEGIN BULK hastrailing comma.)

或

*** ERROR # 1020 *** in the input data:

Missing BEGIN BULK or line before BEGINBULK has trailing comma.

7）ERROR#1501：这个错误提示都是由于材料属性中没有设置需要的材料参数。

解决方法：根据提示的材料 ID 设置相应的材料属性参数。有时在警告信息中也会提示材料没有设置密度属性"*** WARNING 1935：The density of material 5 is zero."。由于密度属性不是必须设置的材料属性，此时需注意分析中是否需要材料的密度属性（如考虑惯性、重力等则需要密度属性），根据需要进行设置。密度属性不设置也不影响计算的进行。

```
*** ERROR # 1501 ***
for material id = 1 referenced fromproperty id = 2. Either E or G must be explicitly provided for MAT1.
Otherwisesingular material is produced.
*** ERROR # 1520 ***
for material id = 1 referenced fromproperty id = 2. Blank E and blank Nu prescribed for MAT1. This pro
ducessingular (identically zero) membrane and bending matrix.
```

8）ERROR#173：错误原因是一个结点被定义在了多个刚性单元中。

解决方法：一个结点只能定义在一个刚性单元中，如果一个结点需要与多个结点创建刚性连接，则可以使用 Hypermesh rigids 命令的 node-nodes 功能来创建一对多的 RBE2 刚性连接。

```
*** ERROR # 173 ***
Adependent d.o.f. defined more than once in rigid element entry.
*** ERROR # 179 ***
Thedependent d.o.f.s of multi-point constraints produces a singular matrix. Thismay be caused by a cir
cular dependency in which a d.o.f. is indirectlydependent upon itself.
```

9）ERROR#2203：错误原因是网格质量差，二维网格单元的面翘曲度，三维网格单元的面翘曲度、翘曲角等超过了推荐值。

解决方法：将网格质量较差的部件重新划分网格，生成满足推荐值要求的网格。或者将选项卡片 PARAM 中的 CHECKEL 值设置为 NO，取消 Optistruct 计算前的网格质量检查，但是这样可能会造出计算结果不准确。

Element # 4931072, element type PENTA.

ERROR - Acceptable range violation: FaceWarp Angle = 64.429 upper limit = 60.000.

Element # 245192, element type TRIA3.

ERROR - Acceptable range violation: SkewAngle = 86.985

Element # 1040820, element type QUAD4.

WARNING - Outside of recommended range:Warp Angle = 30.915 upper limit = 30.000

Element # 4930489, element type PYRA.

WARNING - Outside of recommended range:Face Warp Angle = 33.127 upper limit =　30.000

*** ERROR # 2203 ***

Error(s) encountered during element check

***** Element Quality Check Failed - errorlimits violation *****

10）ERROR#330：错误原因是在进行 RBE3 连接时选择了转动自由度，但是所选择的结点不支持转动自由度。

解决方法:出现此问题是由于在进行 RBE3 连接时选择了 4～6 转动自由度，但是所选择的多个从结点位于一条直线上，因此无法传递转动自由度。如果选择了 4～6 转动自由度，则多个从结点需不共线才可以工作。

*** ERROR # 330 ***

RBE3 element 5738394 cannot support ay-moment - check element data.

*** ERROR # 329 ***

RBE3 element 5738410 cannot support ax-moment - check element data.

*** WARNING # 347

RBE3 element 5738423 is near singular couldcause large round off.

11）ERROR#8111：内存不足，将该文件工作目录下文件删除，释放存储空间。

vfileio:: Failed write for file[0], i/o 16384/0,

name=./dl32_DESIGN_TRUE_3load_parame_2624_00.scr.　　This is likely caused by insufficient disk space

*** ERROR # 151 ***

Error accessing the scratch files:

error encountered in subroutine "xdslif"

Solver error no. = −110

index =　　1

This may be caused by insufficient disk space or some other

system resource related limitations.

<e.g. The Operating System or NFS cannot handle file size > 2 GB.>

This error was detected in subroutine prepslv4.

12）ERROR#2502：一般发生在修改网格之后，在删除原来网格的时候没有将 ELEMENT549700 删掉，使得该单元上的结点与后来划分网格的结点出现矛盾冲突，应先利用 find id＝549700 删除掉该单元。

A fatal error has been detected during input processing:
*** ERROR # 2502 ***
Element   549700 had incorrect node numbering sequence and needs renumbering.
***** ERROR ENCOUNTERED BEFORE COMPLETING THE CHECK RUN *****

13）ERROR#23：Constraint，或者是 load 的定义为空，就是没有数值，可以将其他的 collector 隐藏，只显示 load 定义即可。

ID 1 used on Case Control data SPC or SPCADD is missing in bulk data.

14）ERROR#14：通过实体表面先生成 2D 网格，再生成实体 3 D 网格，2D 单元与 3D 单元放在同一个 Component 中造成的，将多余 2D 单元删除即可解决。

*** ERROR 14: Missing property # 2 referenced by CTRIA3 .

15）ERROR#317：可能是把载荷和约束放在一个 loadcollector 中，或没有添加载荷。一般是在添加载荷时没有在 global 中切换当前 loadcollector。

ERROR # 317 FROM SUBROUTINE spasmb

Static load case 2 has zero force vector - check input data This error occurs in subroutine slvdrv

16）ERROR#23：没有加约束，重新添加约束条件即可。

ERROR # 23 FROM SUBROUTINE renum2

Case Control data SPC SID 1 is not referenced by any bulk data.

第16章

机械可靠模型后处理

16.1 结果导入

打开 Hyperview 界面，导入计算文件，如图 16-1 所示。

图 16-1 结果文件导入设置

16.2 结果查看

查看模态结果，操作如图 16-2 所示。

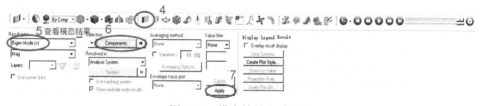

图 16-2 模态结果查看设置

查看应力结果，操作如图 16-3 所示。

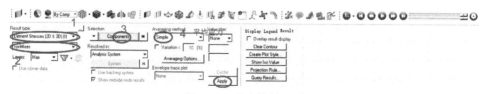

图 16-3 应力结果查看

第 5 部分

实 例 详 解

第 17 章

数据模型处理及网格绘制

17.1　三维模型导入

以 2019 版 Hyperworks 软件为例，双击图标"  Hypermesh 2019"，打开软件界面，选择"Default（HyperMesh）"模块，如图 17-1 所示。

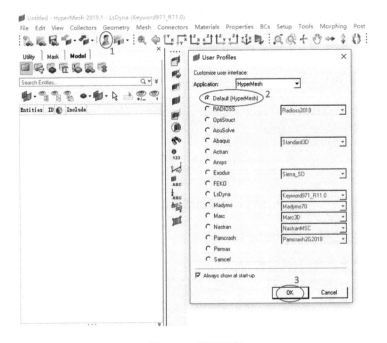

图 17-1　模块选择

导入".stp"文件，设置保持默认即可，如图 17-2 所示。

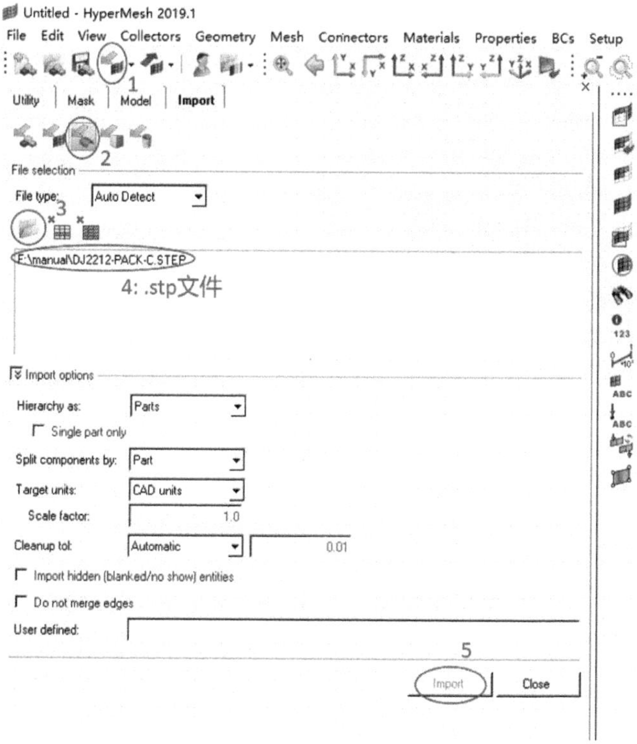

图 17-2　数模导入

数模导入后，如图 17-3 所示。检查是否存在穿透。

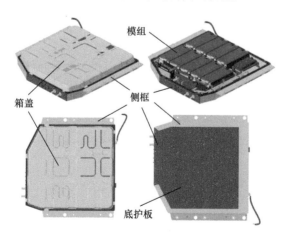

图 17-3　数模导入效果

若出现以下穿透严重的情况，应及时反馈调整，如图 17-4 所示。

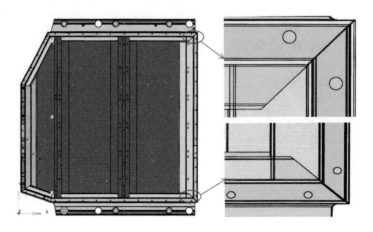

图 17-4　严重穿透示意

17.2　模型简化

整个电池包系统的零部件较多，部分零件对分析结果影响甚微或者可以在建模过程中用其他方式代替，例如螺栓，一般情况下可以 RBE 抓取。此案例中只保留箱体、箱盖、电芯、端板、BMS 及支架等，可以将需要的零部件隐藏，框选其他不需要的零部件删除，具体操作如图 17-5 所示。

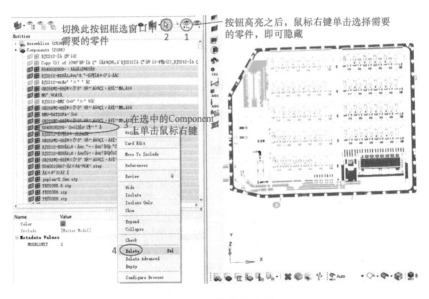

图 17-5　删除多余部件

17.3　重命名

为了方便在网格划分过程中找到想要的零件，或者在检查模型时找到想要显示的零件，需要对模型中的零件名称按照规范进行更改。可先将零件名称等已知信息进行命名，后续在查阅详细的清单后进行补充，具体操作如图 17-6 所示。

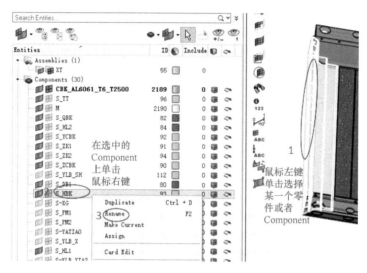

图 17-6　初步重命名

17.4　网格划分

17.4.1　箱盖网格划分

1）中面提取：首先单独显示箱盖，抽取中面，操作如图 17-7 所示。

2）几何处理：箱盖中面抽取后，隐藏实体的 Component，单独显示中面 Component，并对中面 Component 进行重命名，如图 17-8 所示。对中面进行几何清理，包括补全缺失面、去除多余的线等，一般为了网格更加规整会对几何面进行切割，具体如图 17-9 所示。

按 F11 快捷键调出几何处理工具：去除细小特征线，并添加 Washer 孔。

显示 point，给 Washer 添加 point 以便对面进行切割，如图 17-10 所示。

3）网格划分：按 F12 快捷键调出网格划分工具，使中面所在 Component 处于当前状态，网格尺寸为 5mm 的四边形网格，具体操作如图 17-11 所示。

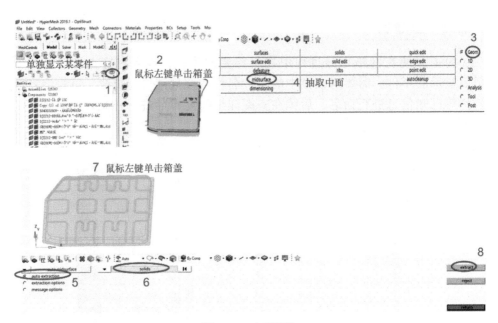

图 17-7 中面提取

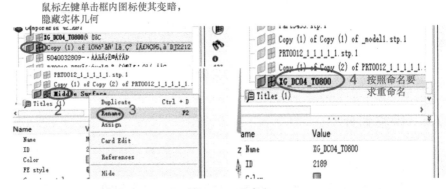

图 17-8 重命名

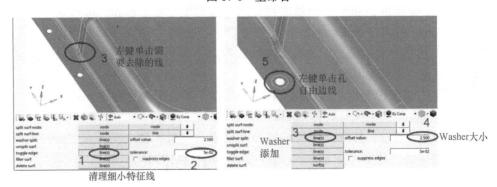

图 17-9 几何处理

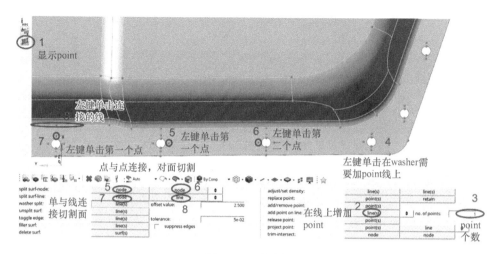

图 17-10　切割面

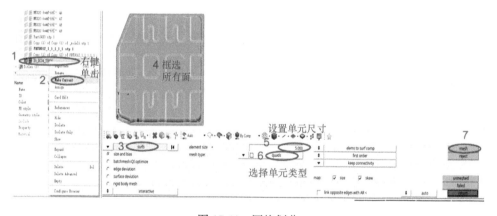

图 17-11　网格划分

螺栓孔附近不能有正对孔的三角形单元，需要将三角形单元优化为四边形单元，首先按 F12 快捷键切换到网格划分工具页面，将选择按钮由 surfs 更改为 elems，具体如图 17-12 所示。

4）质量检查：为了计算的精度及建模的一致性等考虑，需要对整体网格的最大及最小尺寸、长宽比、雅可比等进行检查，具体如图 17-13 所示。

17.4.2　侧边框网格划分

1）抽取中面：将侧边框实体几何单独显示，抽取中面，模型如图 17-14 所示。

单独显示侧边框之后，通过 Geom—midsurface—auto extraction—solids—extract 进行中面抽取，具体操作如图 17-15 所示。

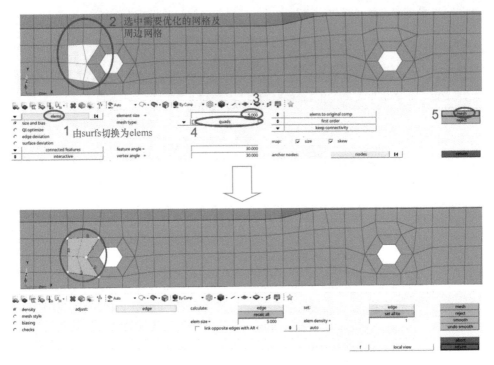

图 17-12　网格调整优化

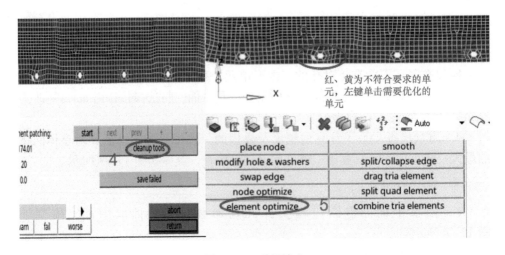

图 17-13　质量检查

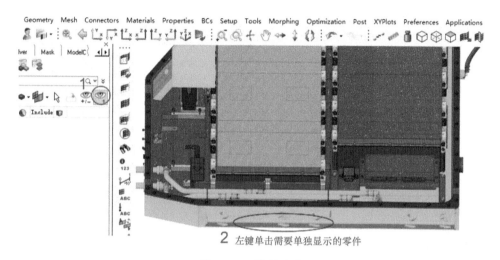

图 17-14　模型显示

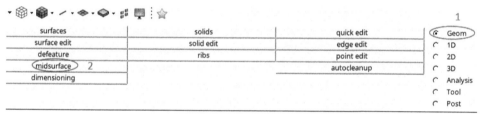

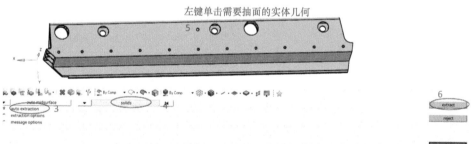

图 17-15　中面抽取

　　隐藏实体几何，单独显示出所抽取的侧边框中面，并对其进行重命名，具体操作如图 17-16 所示。

　　2）几何清理：中面抽取后对曲面相交线进行检查，如曲面相交线为虚线，应调整为绿色实线；按 F11 快捷键调出快速修建工具，操作如图 17-17 所示。

　　双层板部分 Z 向面缺失，需要补上几何面，也可以不做处理，在网格划分后，对网格进行 rule 处理，此处介绍补全几何面，操作如图 17-18 所示。

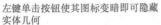

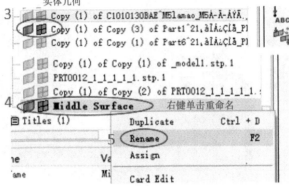

图 17-16　重命名

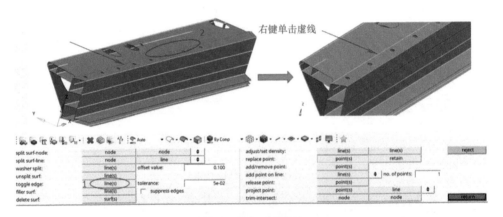

图 17-17　几何清理

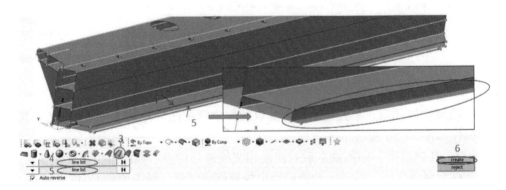

图 17-18　补全几何面

然后删除面，通过 delete—surfs—选择要删除的面—delete entity，操作如图 17-19 所示。

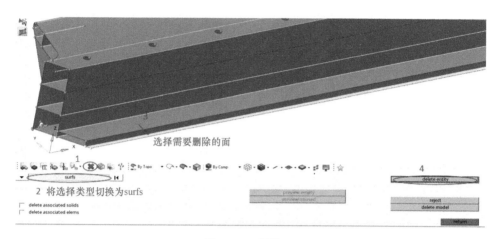

图 17-19　删除面

按 F11 快捷键调出 quick edit—washer split—line—offset valve—选择孔边线，添加 Washer，操作如图 17-20 所示。

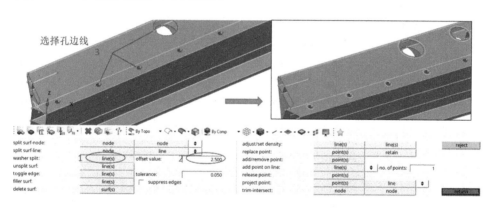

图 17-20　选择孔边线

按 F11 快 捷 键 调 出 quick edit—add point on line—line—no.of points，在 Washer 孔添加硬点，操作如图 17-21 所示。

按 F11 快捷键调出 quick edit—split surf—line—node—line，对面进行切割，操作如图 17-22 所示。

面与面之间的线条混乱，缺失面不规则，无法补全，中面抽取与原实体模型不符等情况如图 17-23 所示。可删除不想要的面后再进行补全，若面有孔之类的特征，则可以利用原实体模型进行切割，具体如图 17-24 所示。

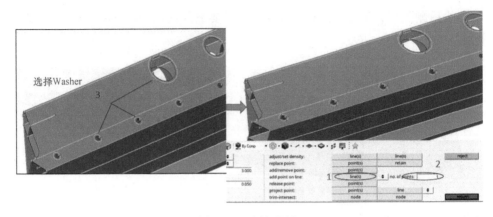

图 17-21 添加硬点

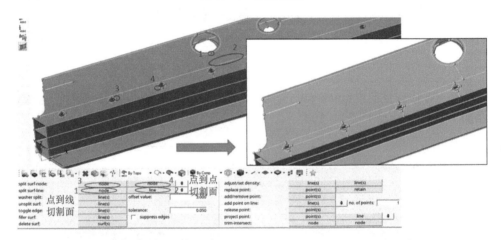

图 17-22 切割面

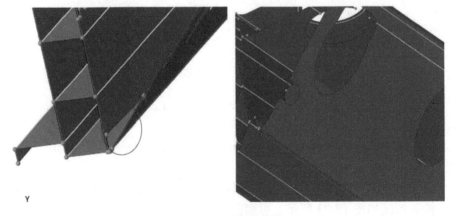

图 17-23 几何面缺失

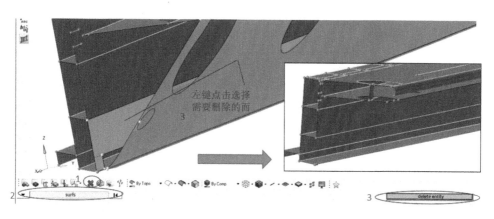

图 17-23　几何面缺失（续）

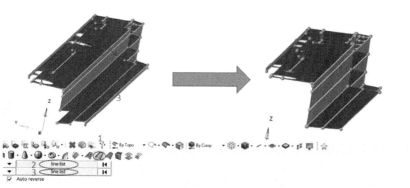

图 17-24　缺失面修补

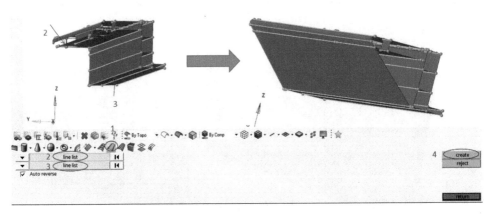

图 17-24　缺失面修补（续）

　　显示出实体几何后，调出 Geom—surface edit—trim with surfs，对实体模型进行切割，操作如图 17-25 所示。

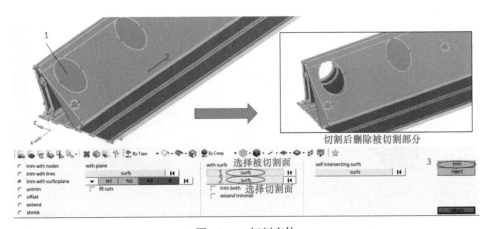

图 17-25　切割实体

　　3）网格划分：按 F12 快捷键调出

Automesh—surfs—size and bias—element size—mesh type，具体操作如图 17-26 所示。

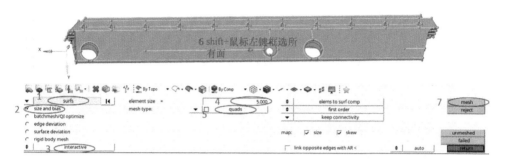

图 17-26　网格划分

Washer 孔网格为 8 个，而螺栓孔为 4 个，鼠标左键单击数字"4"左键增加，右键减少，使其变为与 Washer 孔一致，如图 17-27 和图 17-28 所示。

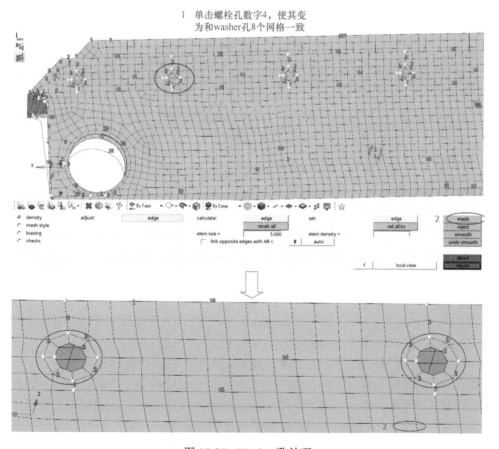

图 17-27　Washer 孔处理

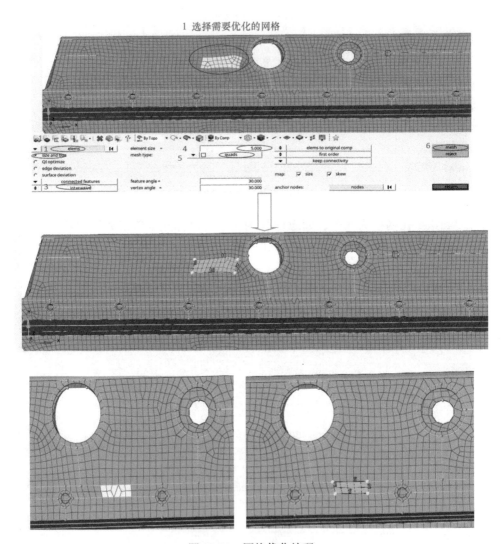

图 17-28　网格优化处理

4）质量检查：采用 2D—qualityindex 操作，对不合格网格进行调整，使网格全部符合要求，如图 17-29 所示。

5）将不同厚度的面放到不同 Component 中：由于边框是挤压型材，不同面不同筋的厚度会有所不同，而一个 Component 只能赋予一个属性厚度，因此需要为不同厚度的面分别建立一个 Component。操作如下：在左边模型数框中空白处右键单击—Component—按照命名规则重命名—将对应厚度的面网格移动到所建立的 Component 中，如图 17-30 所示。

automesh	edit element	○ Geom
shrink wrap	split	○ 1D
smooth	replace	● 2D
qualityindex	detach	○ 3D
elem cleanup	order change	○ Analysis
mesh edit	config edit	○ Tool
rebuild mesh	elem types	○ Post

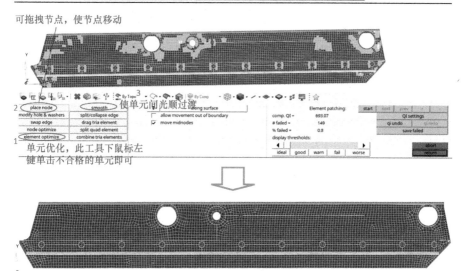

图 17-29　网格调整优化

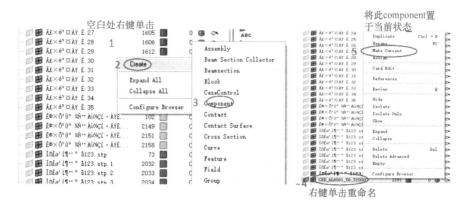

图 17-30　网格调整入不同 Component

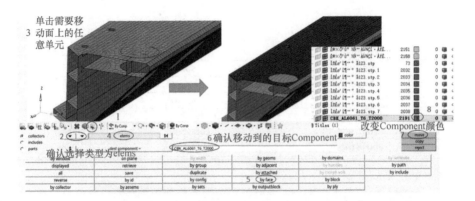

图 17-30　网格调整入不同 Component（续）

17.4.3　双层底板中间梁网格划分

1）抽取中面：单独显示梁单元、抽取中面、重命名、切割面等，可参考 5.2、5.6、5.9 节，如图 17-31 所示。

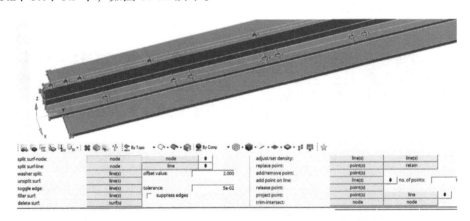

图 17-31　模型单独显示

2）网格划分：由于梁为完全对称结构，可使用对称方式，首先进行对称切割，调出 Geom—surface edit—trim wit nodes，如图 17-32 所示。

By Comp			
			1
surfaces	solids	quick edit	Geom
surface edit	solid edit	edge edit	1D
defeature	ribs	point edit	2D
midsurface		autocleanup	3D
dimensioning			Analysis
			Tool
			Post

图 17-32　模型切割

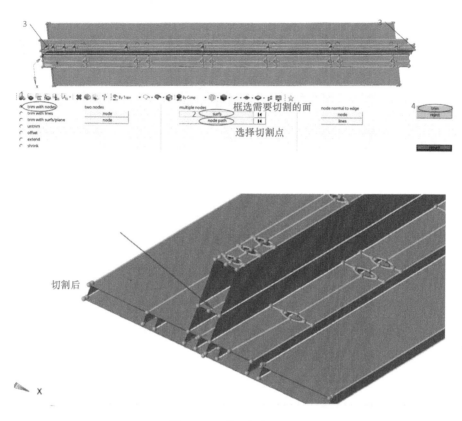

图 17-32 模型切割（续）

对其中切割的一半进行网格划分，如图 17-33 所示。

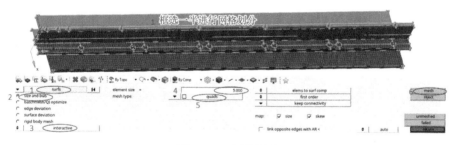

图 17-33 网格划分

部分区域网格质量差，或者有成对的三角形网格在 Washer 孔附近出现时，可以采用部分区域网格重新划分的办法对该区域网格进行优化，按 F12 快捷键调出网格处理工具—选择类型调整为 elems，具体操作如图 17-34 所示。

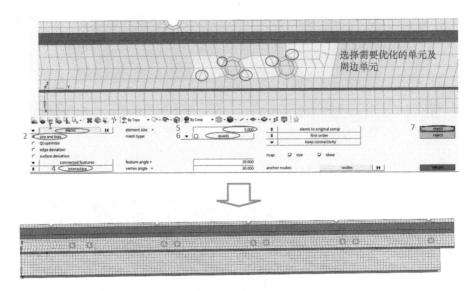

图 17-34　网格调整

3）质量检查：在进行网格对称处理之前应将此部分网格进行整体质量检查并优化，以免不合格导致对称之后的网格质量也会不合格，2D—qualityindex 具体操作如图 17-35 所示。

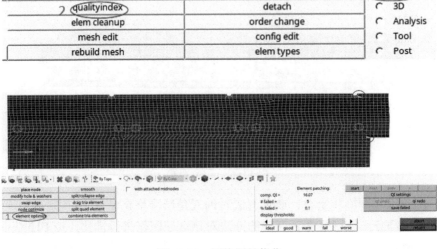

图 17-35　网格调整优化

4）网格对称处理：采用 tool—reflect 对网格进行对称处理，具体操作如图 17-36 所示。

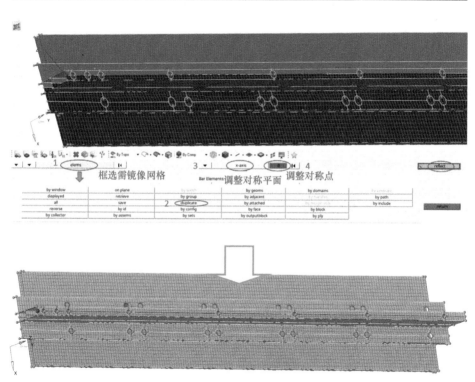

图 17-36　网格对称处理

17.4.4　底板网格划分

1）单独显示、中面抽取、重命名等操作参考 5.2、5.6、5.9 节。

2）网格划分：按 F12 快捷键调出网格划分工具—更改选择类型为 surfs—选择划分方法为 size and bias—尺寸为 5mm 的四边形网格，此处的网格划分参数设置需要和侧框网格划分尽可能保持一致，以便后期共结点处理，具体操作如图 17-37 所示。

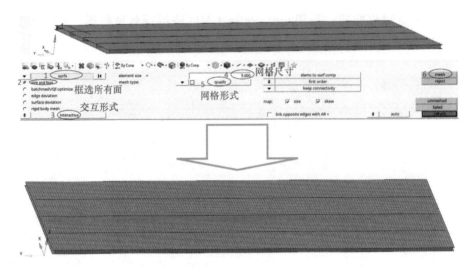

图 17-37   网格划分

3）网格调整及质量检查可参考 5.10 节操作。

17.4.5   实体套筒网格划分

1）实体几何切割：单独显示吊耳套筒，对其进行切割，分成小块，Geom—solide edit—trim with plane/surf，具体操作如图 17-38 所示。

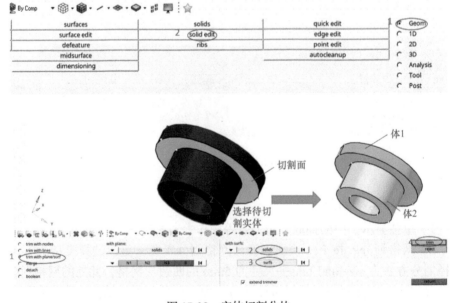

图 17-38   实体切割分块

2）网格划分：选择被切割面进行网格划分，按 F5 快捷键调出隐藏工具，选择需要隐藏的块体，选择交接面进行面网格划分，具体操作如图 17-39 所示。

图 17-39　隐藏实体

按 F12 快捷键调出网格划分工具对两实体交接面进行网格划分，具体如图 17-40 所示。

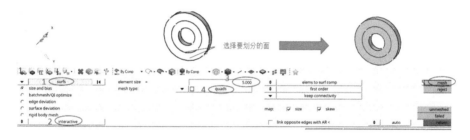

图 17-40　网格划分

重新新建一个 Component 用于存放实体网格，并调出实体网格划分工具，3D—line drag—drag elems，具体操作如图 17-41 所示。

图 17-41　实体网格扫掠

另一半实体网格划分，隐藏几个及实体网格，仅显示面网格，3D—line drag—drag elems，如图 17-42 所示。

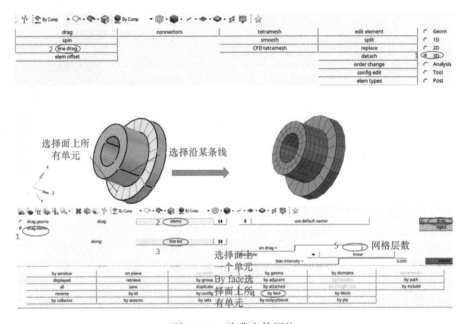

图 17-42　隐藏实体网格

3）实体共结点：由于两个实体分两次划分，结合面并未共结点，也无连接关系。可先把面网格删除，再将两实体共结点，操作如图 17-43 所示。

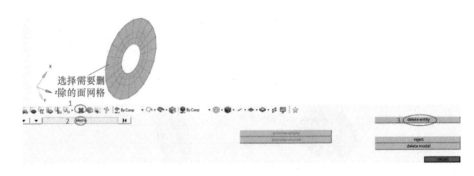

图 17-43　删除面网格

显示处实体网格，按 Ctrl+F3 快捷键调出共结点工具，进行共结点操作，如图 17-44 所示。

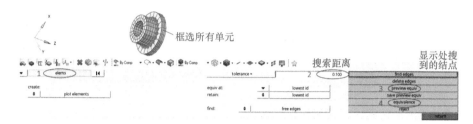

图 17-44　单元共结点

4）由于吊耳套筒个数较多，为了节约时间，不逐一划分，采用复制平移的方式，Tool—translate，生成多个吊耳，如图 17-45 所示。

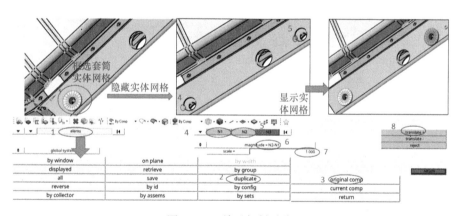

图 17-45　单元复制平移

17.4.6　液冷板前处理

此液冷板为分体式，两块液冷板分别对应两排模组。液冷板为上下两块板组成，上板一般为辊压平板，下板一般通过冲压，形成流道。另有冷却液进出口与冷管连接，如图 17-46 所示。

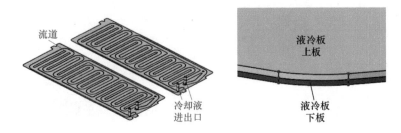

图 17-46　分体式液冷板

1. 液冷板下板前处理

1）液冷板下板为薄板，提取中面，如图 17-47 所示。

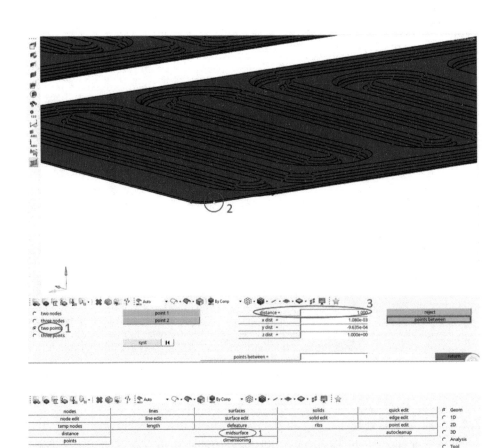

图 17-47　中面提取

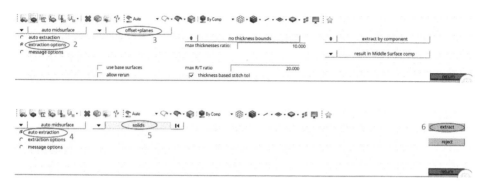

图 17-47　中面提取（续）

2）提取后的中面观察暂无破损等情况，如图 17-48 所示。

图 17-48　提取后的中面

3）为保持圆角特征，将圆角处的两个硬点修改为一个硬点，如图 17-49 所示。

4）设置单元尺寸及单元类型，并初步绘制网格，可以先小面、复杂面，然后大面、简单面，如图 17-50 所示。在此过程中，对于出现的多个三角形单元相邻，单独重新绘制，如图 17-51 所示。

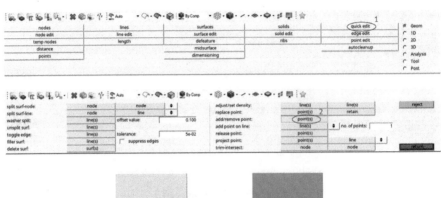

图 17-49　圆角硬点处理

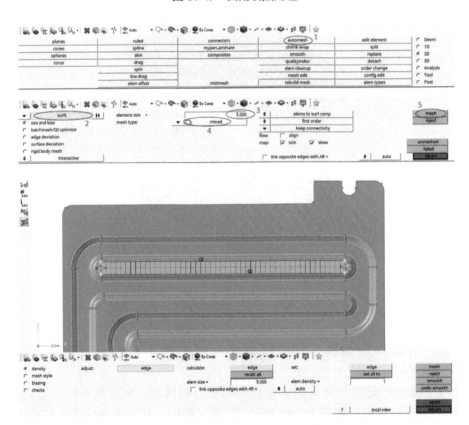

图 17-50　初步网格绘制

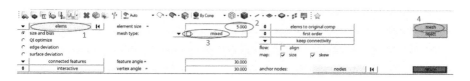

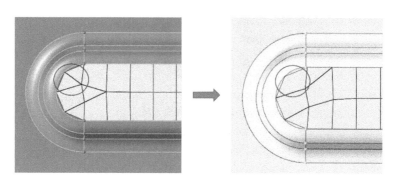

图 17-51　相邻三角形单元处理

5）按上述步骤，完成网格绘制。由于两中面基本相同，可绘制一侧网格，然后平移，如图 17-52 所示。

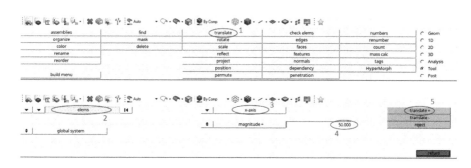

图 17-52　初版网格

图 17-52 初版网格（续）

6）按照 5.10 节相关内容，进行网格质量检查并调整，如图 17-53 所示。

图 17-53 网格质量参数

7）查看网格质量，重点消除黄色和绿色项，如图 17-54 所示。

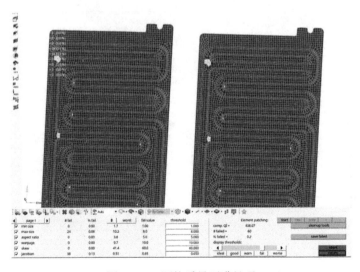

图 17-54 网格质量不满足项

8）消除不满足网格质量参数的网格，直至参数的"#fail"全部为 0 即可，如图 17-55 所示。

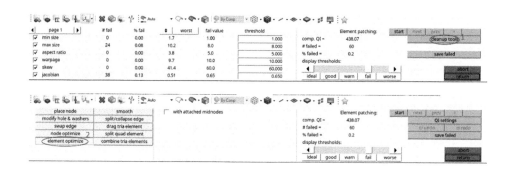

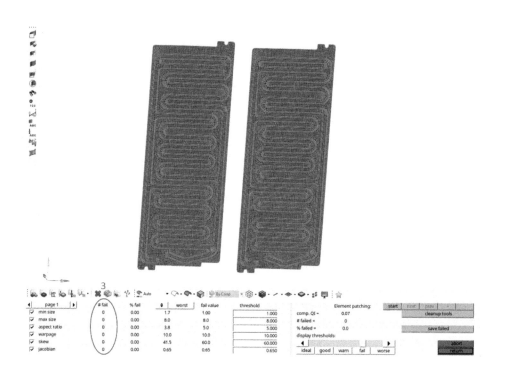

图 17-55　网格质量满足

9）检查自由边，仅边界显示自由边即可，如图 17-56 所示。

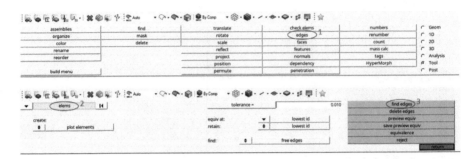

图 17-56　检查自由边

10）检查法向，同侧颜色一致即可，如图 17-57 所示。

11）为保证软件的误关或者其他操作导致的软件关闭，在过程中应随时保存，如图 17-58 所示。

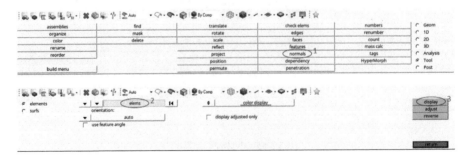

图 17-57　检查法向

图 17-57 检查法向（续）

2. 液冷板上板前处理

按照上述步骤完成液冷板上板的网格绘制、相关检查及命名，并保存过程文件，如图 17-58 所示。

图 17-58 过程文件保存

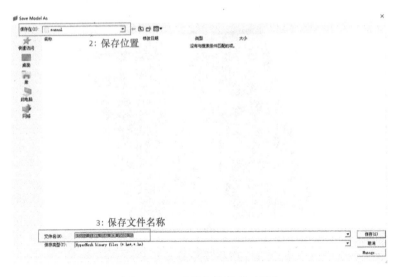

图 17-58　过程文件保存（续）

3. 液冷板前处理最终效果

最终效果如图 17-59 所示。

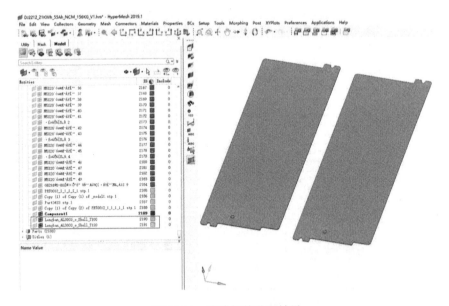

图 17-59　液冷板前处理效果

17.4.7　模组前处理

模组由上盖、托盘、端板、侧板、电芯等组成，如图 17-60 所示。

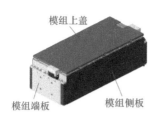

模组上盖　　　　　　　托盘

铝排

模组端板　　　　模组侧板　　　　　　电芯

图 17-60　模组结构

在进行整包系统的分析时，可将模型简化为：
重点绘制端板、侧板、电芯网格，其他暂时忽略。
但如果开展模组级别分析，则需细致进行绘制网
格，如图 17-61 所示。

1. 模组端板前处理

图 17-61　简化模型

1）模组端板厚薄程度不一，但特征从上到下比较一致，可以考虑采用六
面体或者四面体单元。对于尺寸较小的圆角过渡位置，压缩共享边界线即可，
如图 17-62 所示。

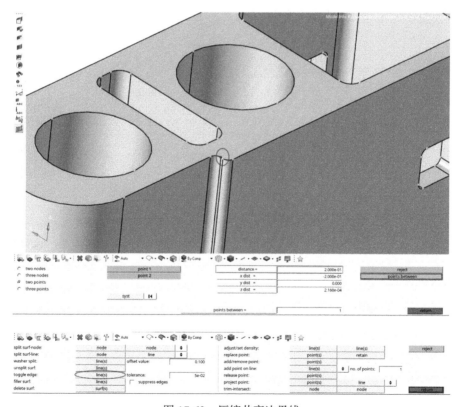

图 17-62　压缩共享边界线

2）端板壁厚可能较小，如本例最小为 1.5mm，因此在绘制网格时，可采用 2.0mm 尺寸，如图 17-63 所示。

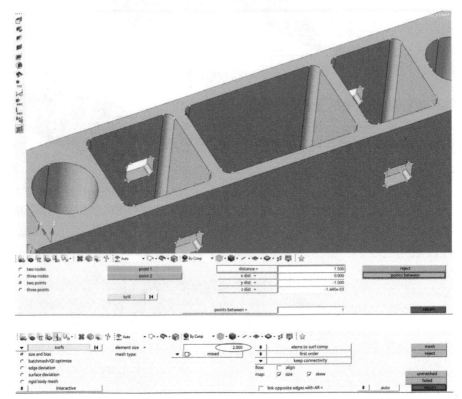

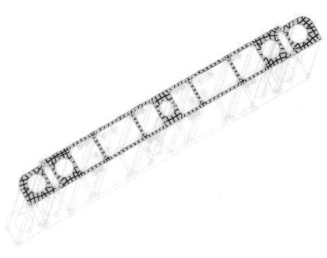

图 17-63 初步网格绘制

3）消除不满足网格，直至参数的"#fail"全部为 0 即可，如图 17-64 所示。

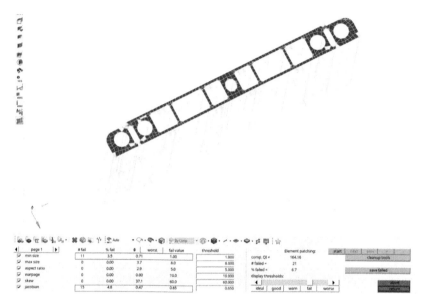

图 17-64　网格质量调整

4）测量扫掠距离，并沿 Z 向扫掠生成体单元，同时删除四边形单元，如图 17-65 所示。

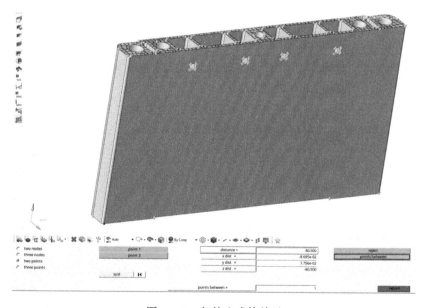

图 17-65　扫掠生成体单元

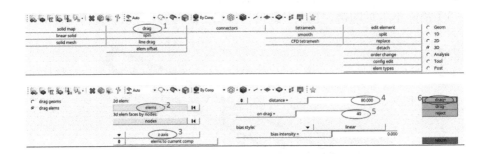

图 17-65　扫掠生成体单元（续）

5）检查体单元质量，重点检查最小单元尺寸、雅可比、翘曲、长宽比等。经检查，体单元满足质量参数要求。

6）由于安全性分析中，体单元接触容易产生穿透，可能导致能量异常，故一般在其表面增加壳单元，如图 17-66 所示。

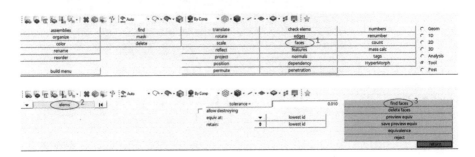

图 17-66　体单元外部包一层壳单元

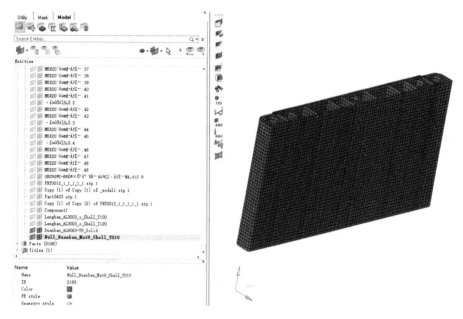

图 17-66　体单元外部包一层壳单元（续）

7）保存过程文件。

2. 模组侧板前处理

1）参照液冷板处理方式，对模组侧板进行网格划分，并检查网格质量等，最终得到满足要求的模组侧板网格，如图 17-67 所示。

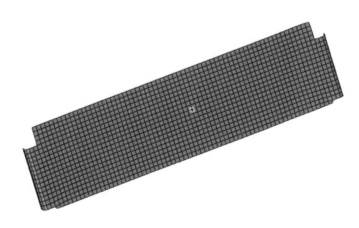

图 17-67　模组侧板网格

2）模组端板及侧板对称，在已完成的网格基础上，对称出全部网格即可，如图 17-68～图 17-70 所示。

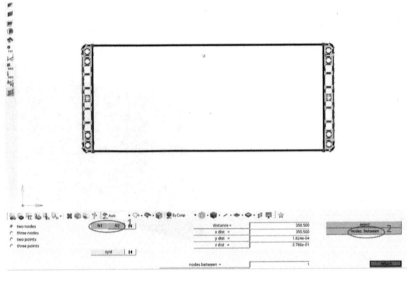

图 17-68　找出对称点

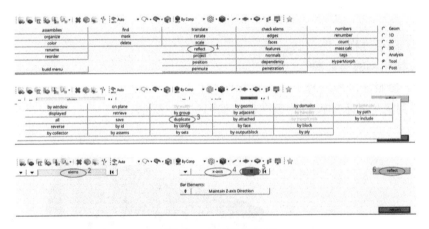

图 17-69　对称网格

3）保存过程文件。

3. 电芯前处理

电芯是由壳体、上盖、极柱、内部极片等组成的。在建模过程中，保留关键部分，包括外壳体、上盖、极柱及内部等实体，如图 17-71 所示。

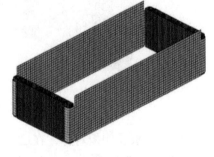

图 17-70　模组端板及侧板网格

1）参照模组端板处理方式，通过先顶面 2D 过程网格，后扫掠生成 3D 网格的方法，绘制电芯内部实体及电芯极柱，并完成网格质量检查等，最终得到满足要求的电芯内部实体及电芯极柱网格，如图 17-72 所示。

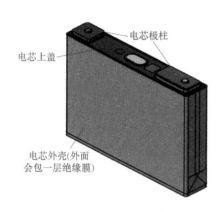

图 17-71　电芯组成　　　　　图 17-72　电芯内部实体及电芯极柱网格

2）在上述实体外增加壳单元，作为电芯外壳的侧面、底面和顶面，并放入相应名称的部件中，如图 17-73 所示。

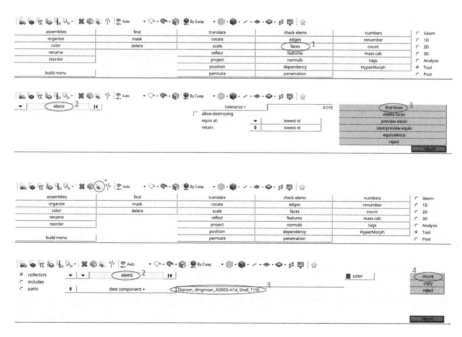

图 17-73　电芯外壳

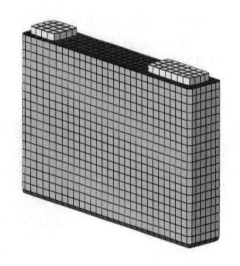

图 17-73　电芯外壳（续）

3）模组是将多个电芯串联起来的，可在已完成的电芯网格的基础上，通过转动、平移操作，将电芯全部补充完整，如图 17-74 所示。保存过程文件。

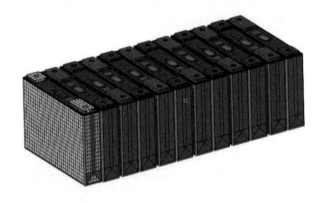

图 17-74　成组电芯

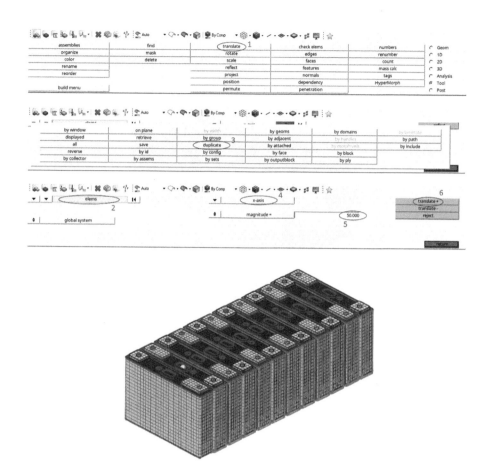

图 17-74　成组电芯（续）

4. 铝排前处理

1）铝排可参照液冷板处理方式，对铝排进行网格划分，并检查网格质量等，最终得到满足要求的模组侧板网格，如图 17-75 所示。

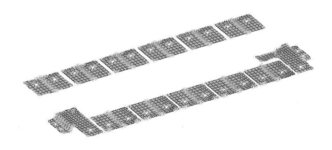

图 17-75　模组铝排

2）保存过程文件。完成以上操作后，模组网格基本完成，如图 17-76 所示。

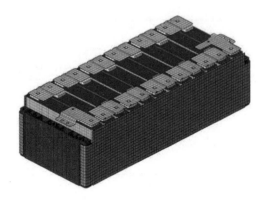

图 17-76　模组整体

17.4.8　电器件前处理

电器件安装在电池包内部，主要有 BMS 主从机及相应安装支架，如图 17-77 所示。

图 17-77　电器件及其支架

1. BMS 主机前处理

1）BMS 主机侧面有较复杂的插接头，在处理时可去除，生成较为规则的模型，如图 17-78 所示。对于较小的圆角可忽略，压缩相关边界线。

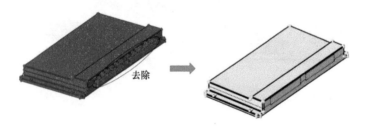

图 17-78　去除插接头

2）观察模型，可考虑采用六面体单元或者采用四面体单元。如果采用六面体单元，则可参照模组端板处理方式，通过先底面 2D 过程网格，后扫掠生成 3D 网格的方法。后续再做相关切割或删除体单元，得到网格模型，如图 17-79 所示。检查最小单元及雅可比，满足要求。

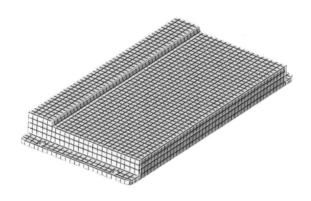

图 17-79　BMS 主机实体单元

3）外侧增加一层壳单元，用于接触。保存过程文件，如图 17-80 所示。

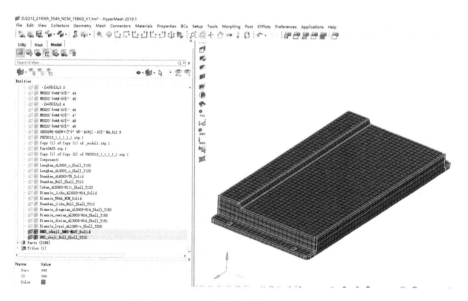

图 17-80　BMS 主机实体及外包壳单元

2. BMS 从机前处理

1）对比 BMS 的主机与从机，两者形状比较相似，如图 17-81 所示。故可参考主机处理从机的网格。

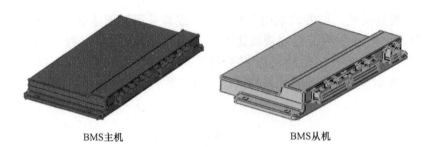

BMS主机   BMS从机

图 17-81　BMS 主机及从机

2）按照主机操作方式生成体单元，并在外侧增加一层壳单元，如图 17-82 所示。

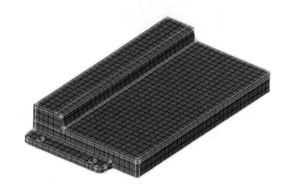

图 17-82　BMS 从机实体及外包壳单元

3）保存过程文件。

3. BMS 安装支架

显示完整的 BMS 支架模型，参照液冷板处理方式，对 BMS 支架进行网格划分，并检查网格质量等，如图 17-83 所示。

图 17-83　BMS 安装支架

4. 全部电器件

对称 BMS 从机及安装支架，完成全部电器件绘制，如图 17-84 所示。

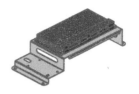

图 17-84　电器件集合

17.4.9　汇流排前处理

汇流排分布在电池包内部，将模组或者电器件连接起来，构成完整电路系统。对于跨度较大的两个模组或者电器件，一般会增加安装支架，通过卡扣将汇流排与安装支架连接，增加其稳定性，如图 17-85 所示。

图 17-85　汇流排及支架

1）参照液冷板处理方式，对汇流排及支架进行网格划分，并检查网格质量等，如图 17-86 所示。

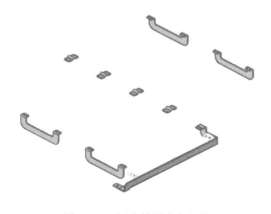

图 17-86　汇流排及支架网格

2）保存过程文件。

第18章

机械安全性分析

18.1 材料及属性赋予

18.1.1 建模面板选择

在完成简化后的模型所有零件的网格绘制后，需先按照建模需求切换建模面板。开展机械冲击、模拟碰撞等分析，可切换建模面板至 LsDyna，如图 18-1 所示。

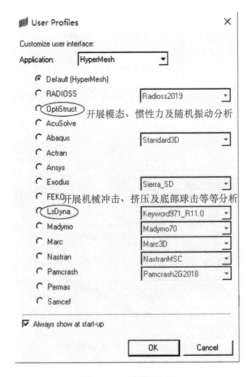

图 18-1 建模面板

18.1.2　材料及属性创建

如有完整的数据库，则可直接调用。如果有试验结果，如试验曲线等数据，则材料及属性的创建可参考第 6 章内容。

18.1.3　材料及属性赋予

材料及属性的赋予可采用两种方式，一种方式是在左侧结构树上单击想要添加的 Component，在"Material"和"Property"两栏点击选取相应的材料和属性，如图 18-2 所示。

图 18-2　赋予 Component 属性及材料 1

另一种方式是单击选择零件，并选取相应的材料和属性，如图 18-3 所示。

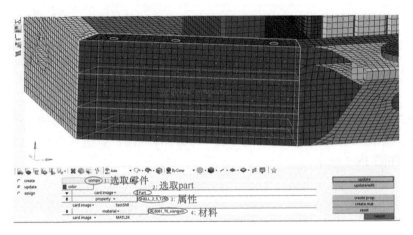

图 18-3　赋予 Component 属性及材料 2

18.2　穿透干涉检查

在所有部件都赋予材料参数及属性后，对模型进行穿透干涉检查。由于实体外都增加了壳单元，故只对 2D 单元进行检查，操作如图 18-4 所示。

穿透干涉检查可单独进行或者同时进行，检查目标可以是各部件或者接触对。

图 18-4　穿透干涉检查

系统会自动检查，检查结果如图 18-5 所示。单击即可查看穿透部件及相关情况，如图 18-6 所示。

图 18-5　穿透干涉检查结果

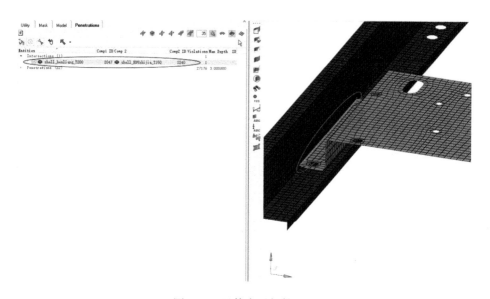

图 18-6　具体穿透部件显示

针对穿透部件，可考虑移动相对较小面的结点，将穿透消除。

对于干涉部件，可以自动修复，但可能导致模型无法控制。观察后，仍可考虑移动相对较小面的结点，将干涉消除，如图 18-7 所示。

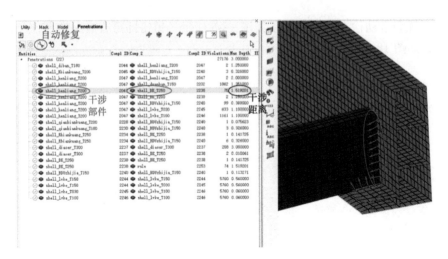

图 18-7　具体干涉部件显示

18.3　连接创建

电池包的连接主要是结构件间的焊接及模组电芯与电芯、端板的胶粘等。在建模过程中，可以针对不同的连接方式分步进行，如先进行胶粘，再完成焊接等。

18.3.1　胶粘连接

电芯间在创建胶粘时，需考虑电芯粘接的实际尺寸及覆盖面积，如图 18-8 和图 18-9 所示。

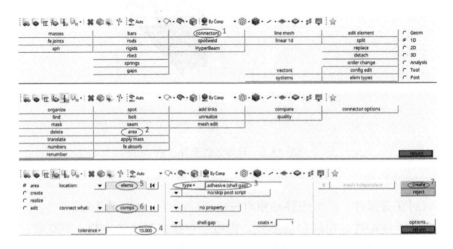

图 18-8　电芯间胶粘创建 1

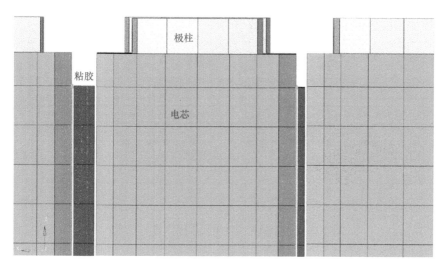

图 18-9　电芯间胶粘创建 2

按照上述操作，完成端板与电芯间、侧板与电芯间的胶粘建模，如图 18-10 所示。保存过程文件。

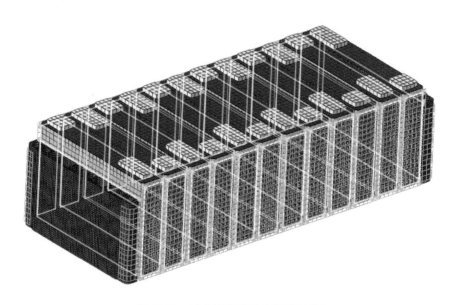

图 18-10　单个模组胶粘（高亮部分）

18.3.2　焊接连接

为体现焊接真实受力情况，在箱体主体结构之间一般采用 2D 网格单元进行连接，并赋予材料和属性，如图 18-11 所示。需要注意的是，焊接长度需要依据模型长度进行定义,如图 18-12 所示。

图 18-11   2D 单元焊接创建

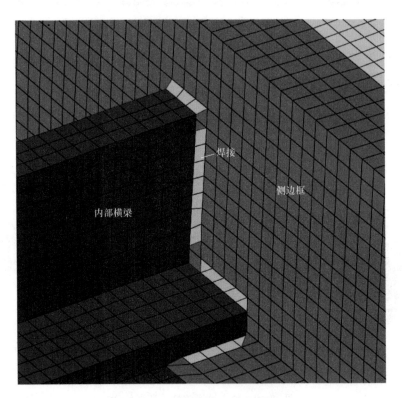

图 18-12   侧边框与内部横梁焊接

对于仅关心轴向受力或者仅考虑连接的情况,可采用 1D 单元进行焊接,如图 18-13 所示。

其中焊接长度仍需要依据模型长度进行定义,如图 18-14 所示。

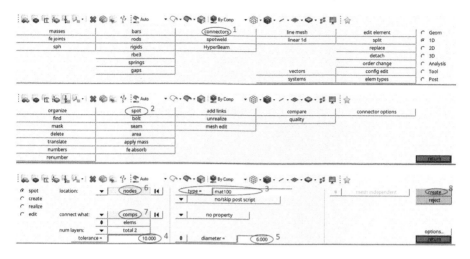

图 18-13 1D 单元焊接创建

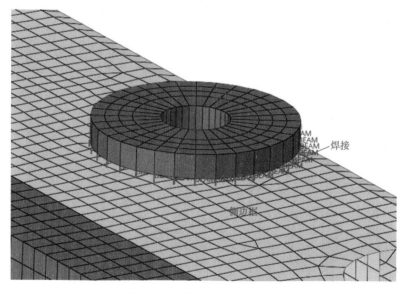

图 18-14 侧边框与吊耳焊接

保存过程文件。

18.3.3 共结点连接

对于主体结构为铝合金的箱体，侧框及横梁等一般为整条满焊，故在连接时，一般采用共结点连接的方式。按 Shift+F3 快捷键或 F3 快捷键，合并相邻结点，如图 18-15 所示。

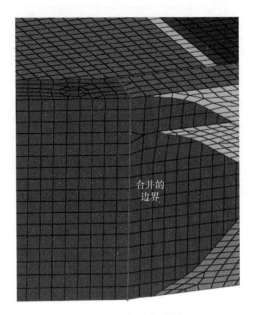

图 18-15　侧边框焊接

铝合金的底板与铝合金侧边框的焊接，也可以采用共结点连接的方式，如图 18-16 所示。

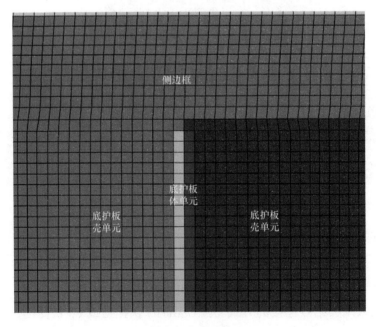

图 18-16　底板共结点

18.3.4　螺栓连接

箱盖与侧边框一般采用螺栓连接，在已经绘制好的螺栓孔上进行此操作。在不考虑螺栓本身受力变形的情况下，一般可创建 Rigidbody 刚性单元，其中刚性单元的质心可选取箱盖上一点，如图 18-17 所示。

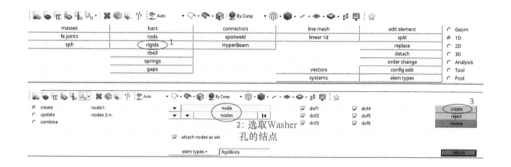

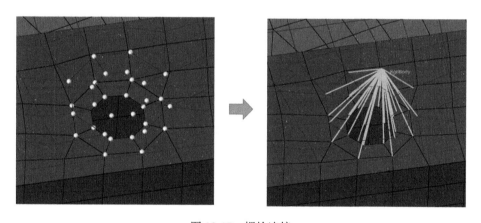

图 18-17　螺栓连接

在需要考虑螺栓本身受力的情况下，可创建出详细的螺栓结构，可参考 7.2.2 节操作。

其他如模组端板安装、BMS 安装等按照上述操作进行即可。

18.4　接触创建

通过采用 Ls-Dyna 自身的点面接触，将连接单元与被连接件连接起来，并赋予其一定的传递力的功能。以胶粘接触为例，操作如图 18-8 ～ 图 18-20 所示。

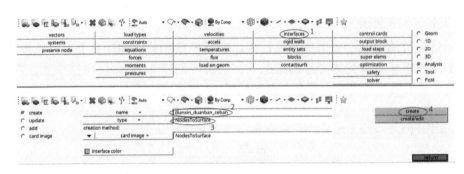

图 18-18 接触创建

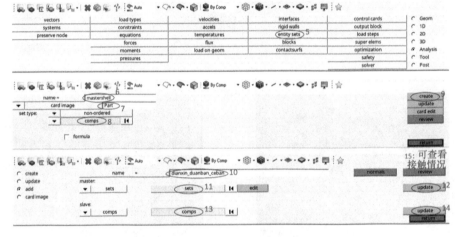

图 18-19 集合及接触对创建

图 18-20 接触对显示

1D 焊接接触参考上述操作进行。在创建接触对集合时，选取的是被连接的部件，直接选取需要连接的部件即可。如果担心有遗漏，则可以将周围部件全部选取。

　　由于电池包本身零件较多，故创建一个自接触，减少接触对的创建。创建的方式与上述类似，只是上述第 3 步的 "type" 为 Singlesurface，第 8 步的 "comps" 为所有 2D 单元。其他可参考上述参数设置。

18.5　输出及控制卡片设置

　　为控制模型计算过程中可能出现的问题，设置控制卡片。同时，为输出需要的分析结果，设置输出卡片，卡片的设置如图 18-21 所示。

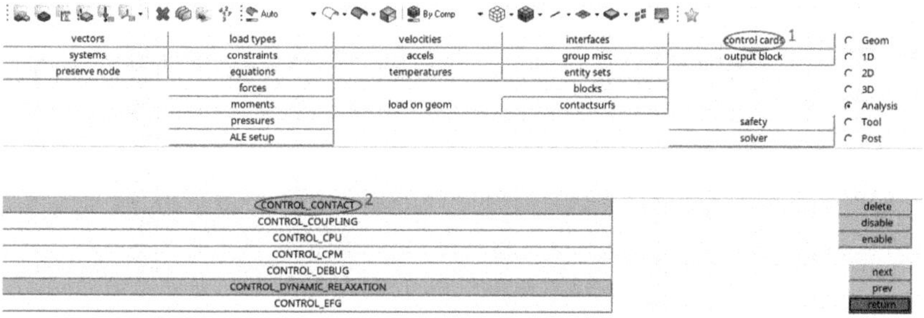

图 18-21　卡片创建及设置

控制卡片的设置需根据实际情况，如计算时间、时间步、输出等。

18.6　工况加载及边界条件设置

　　完成上述建模步骤后，建模工作基本已经完成。接下来只需要针对不同工况进行设置即可。以 X 向挤压工况为例，完成最终模型创建。

18.6.1　挤压板创建

　　为保证挤压时电池包不发生滑动或者翘起，考虑采用三拱挤压板竖向挤压的方式。三拱挤压板如图 18-22 所示。

18.6.2　边界条件创建

　　由于电池包是平放在水平面上，并顶在垂直墙上的，而在挤压过程中，墙是不变形的，故在建模时，需要创建刚性墙，操作可参考 9.1.4 节 1.。

18.6.3　载荷创建

　　参考 9.1.4 节 3. 和 9.1.5 节分别创建整体重力加载及挤压板速度加载。

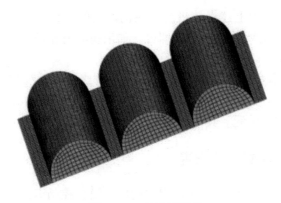

图 18-22　挤压板模型

18.6.4　接触创建

挤压板与电池包的接触采用面 - 面接触方式进行设定，如图 18-23 和图 18-24 所示。

图 18-23　接触创建

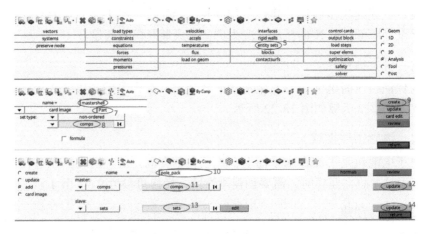

图 18-24　集合及接触对创建

18.7　模型提交

18.7.1　模型检查及计算文件生成

参考 10.1 节对模型进行检查并输出计算文件。

18.7.2　试算

可通过软件试算 5 ~ 8 个时间步，并查看能量、变形动画等是否正常。如果表现不正常，则找出问题点，可参考 10.3 节解决问题。

18.7.3　提交

完成上述步骤后，提交计算。

18.8　结果查看及评价

按照 11.1 节和 11.2 节步骤对结果进行查看，并对结果进行评价，针对要求输出云图或曲线并编写报告。

第 19 章

机械可靠性分析

19.1 材料和属性设置

19.1.1 建模面板选择

在网格处理后，进行材料属性及连接等处理前需要选择所对应的求解器面板，进行模态及惯性力等可靠性求解选择 OptiStruct 面板，具体操作如图 19-1 所示。

图 19-1 求解器选择设置

19.1.2 材料参数设置

1）创建 Material Component：一个电池包系统的材料可能有几种或者十几种，每种材料的参数不同，先在左侧的模型树的空白处右键单击 Create—Material，具体操作如图 19-2 所示。

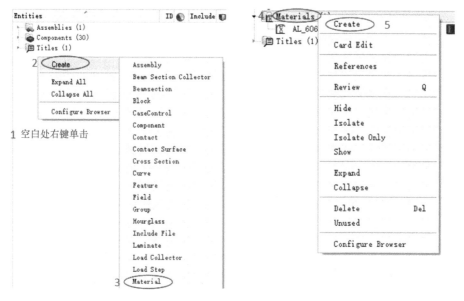

图 19-2　材料设置

注：方形电芯弹性模量统一设
置为 100MPa，导热胶及
泡棉弹性模量统一设置为
0.28MPa。

2）创建材料属性：以
AL_6061_T6 为例设置材料参数，
其他材料可参考此例进行设置，具
体操作如图 19-3 所示。

19.1.3　属性创建

1）创建 Property Component：
左侧的模型树的空白处右键单
击 Create—Property，具体操作如
图 19-4 所示。

2）属性设置：以 AL_6061_
T6_T160 为例设置材料参数，T160
为厚度 1.6mm，其他材料可参考此

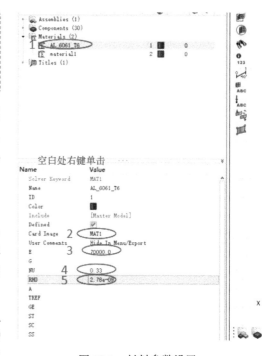

图 19-3　材料参数设置

例进行设置，具体操作如图 19-5 所示。

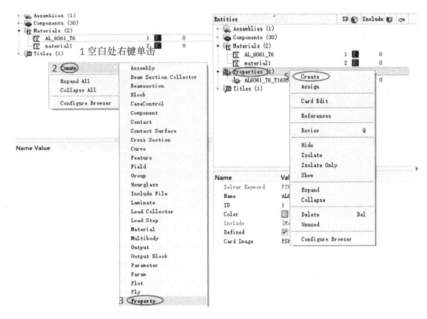

图 19-4　属性创建

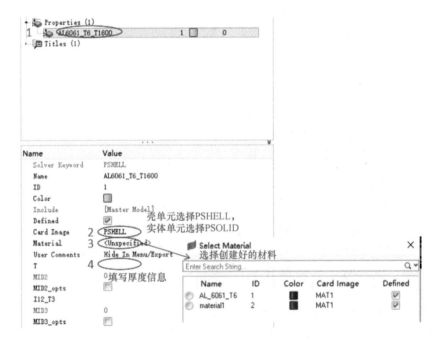

图 19-5　属性参数设置

3）属性赋予：将与零件厚度对应的属性赋予对应的 Component，选中需要赋予材料的 Component—Property—Material，操作如图 19-6 所示。

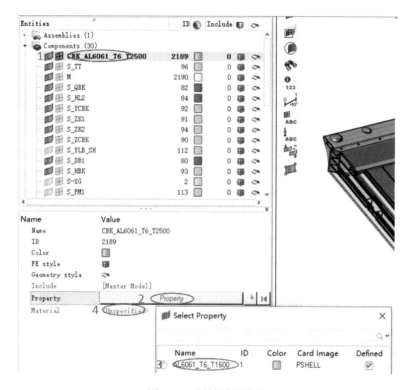

图 19-6　属性赋予设置

19.2　连接创建

19.2.1　胶粘连接

1）电芯之间胶粘：电池包系统采用胶粘的位置很多，一般如电芯与电芯、电芯与端板、电芯与模块盒、电芯与侧板等，部分电池包模组与底板会采用胶粘。这里介绍建立实体胶，一面与所连接零件共结点，一面与所连接另一零件进行绑定处理。新建一个 Component 命名为 JIAO_SOLID，并置为当前用于存放新建的胶单元，具体操作如图 19-7 所示。

2）建立一个电芯与电芯之间胶后，可通过复制移动的功能建立其他位置的胶单元，具体参考 18.3.1 节内容。由于电芯是完全对称结构，电芯可与胶粘单元两面共结点处理，首先 Ctrl+F3 调出共结点工具，具体操作如图 19-8 所示。

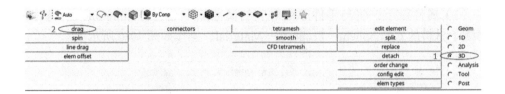

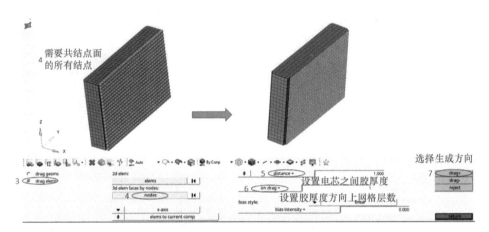

图 19-7　电芯之间胶粘

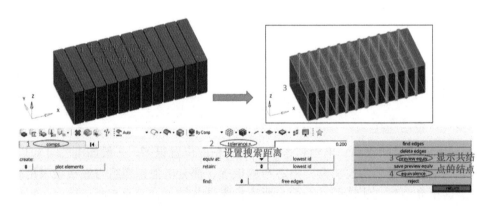

图 19-8　共结点设置

3）侧板与电芯胶粘：电芯与侧板之间胶粘，胶粘单元从电芯生成实体（或从侧板生成实体）无法与侧板（电芯）进行共结点处理，只能进行绑定处理，此处只介绍胶粘，绑定处理在绑定连接章节进行介绍，具体操作如图 19-9 所示。

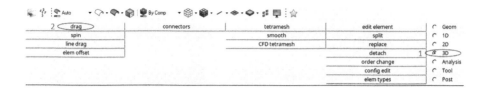

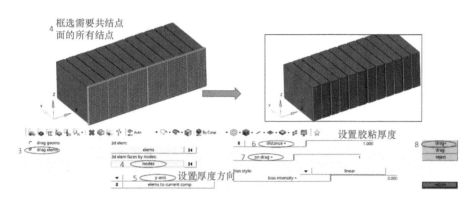

图 19-9　侧板与电芯胶粘

注：电芯与端板之间及电芯与底部导热胶之间的胶粘处理与此相同，可参考此例进行，不再赘述。

19.2.2　焊接处理

模型中通过焊接连接的位置较多，也是实验中常见失效点之一，如边框之间连接、梁与边框的连接、底板与梁之间、底板与底板之间、BMS 支架与底板、模组与端板之间。搅拌摩擦焊是一种特殊的焊接方式较为可靠，一般为箱体底板与底板之间或者底板与箱体边框之间，我们一般采用共结点方式处理，不在此处介绍。

下面介绍梁与边框、模组端板与侧板等之间的焊接处理办法，2D-connectors 具体操作如图 19-10 和图 19-11 所示。

2 connectors	automesh	edit element	○	Geom
HyperLaminate	shrink wrap	split	○	1D
composites	smooth	replace　1	●	2D
	qualityindex	detach	○	3D
	elem cleanup	order change	○	Analysis
	mesh edit	config edit	○	Tool
midmesh	rebuild mesh	elem types	○	Post

图 19-10　焊接设置

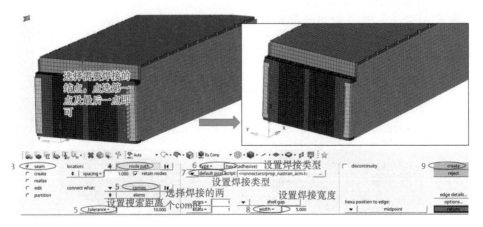

图 19-10　焊接设置（续）

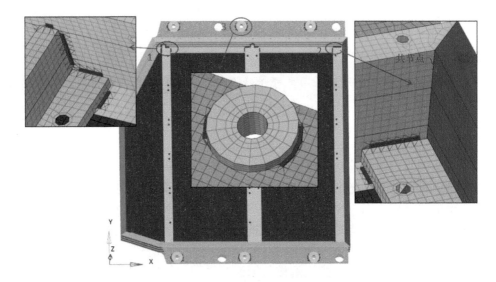

图 19-11　焊接位置示意图

19.2.3　共结点连接

箱体底板是由边框及 A、B、C、D 四块底板通过搅拌摩擦焊的形式进行焊接而成，此种搅拌摩擦焊，在进行模型处理时，采用共结点连接，其中 1、2、3、4、5 位置不同零件搭接厚度为 10mm，需要建立实体，3D-drag 具体操作如图 19-12 所示。

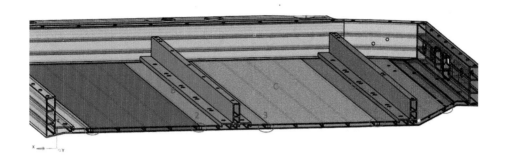

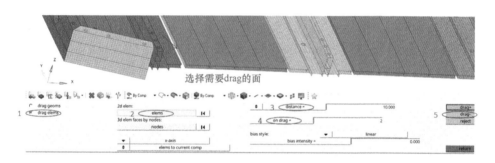

选择需要drag的面

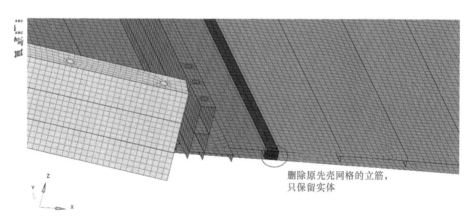

删除原先壳网格的立筋，
只保留实体

图 19-12　底板连接处实体创建

　　然后对实体单元与底板进行共结点处理，具体操作见前面内容。需要共结
点处理的区域图 19-13 中的红线已经框出。

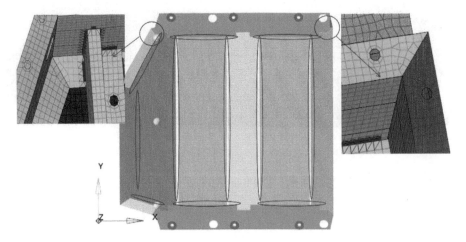

图 19-13　共结点位置示意

19.2.4　螺栓连接

1）模组拉杆螺栓连接：1D-rigids 调出 RBE2 的创建面板，操作如图 19-14 所示。

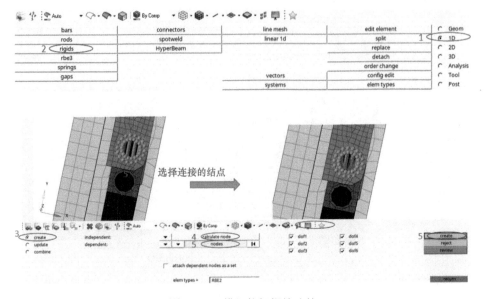

图 19-14　模组拉杆螺栓连接

2）箱盖螺栓连接：1D-connectors 调出螺栓创建工具，具体操作如图 19-15 所示。

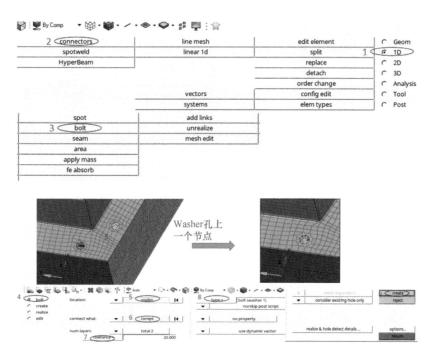

图 19-15　箱盖螺栓创建

19.3　接触创建

依据 13.3 节中胶粘单元与侧板的绑定接触介绍，调出 Contact Browser，具体操作如图 19-16 所示。

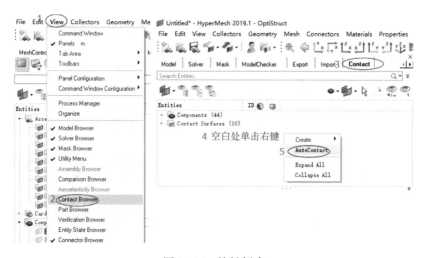

图 19-16　接触创建

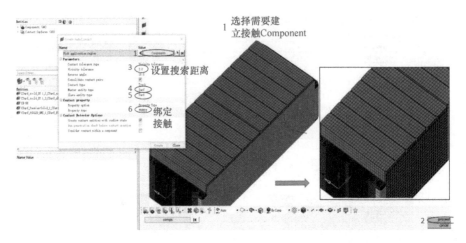

图 19-16　接触创建（续）

电芯与端板、液冷上板与下板等的绑定设置与此相同，不再赘述。

19.4　输出及控制卡片设置

为控制模型计算过程中可能出现的问题，设置控制卡片，同时，为输出需要的分析结果，设置输出卡片，卡片的设置如图 19-17 所示。

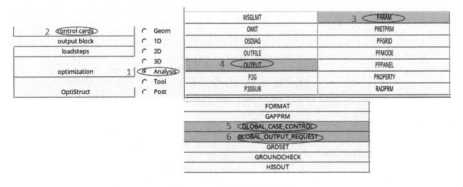

图 19-17　输出卡片创建

选择好卡片之后可在左侧 cards 中对各个卡片进行设置，模态及惯性力卡片设置，其他默认即可，具体如图 19-18 所示。

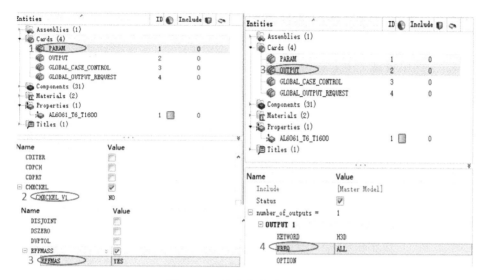

图 19-18　输出卡片设置（一）

随机振动卡片设置除上述外，还需对 GLOBAL_CASE_CONCTROL 及 GLOBAL_OUTPUT_REQUEST 进行设置，具体如图 19-19 所示。

图 19-19　输出卡片设置（二）

19.5　工况加载及边界条件设置

19.5.1　模态设置

1）Load Collector 创建：首先创建 Load Collector 及 Load Step，在 Load Collector 中创建约束 SPC、模态、惯性力（X 向 3g、Y 向 3g、Z 向 -5g），操作如图 19-20 所示。

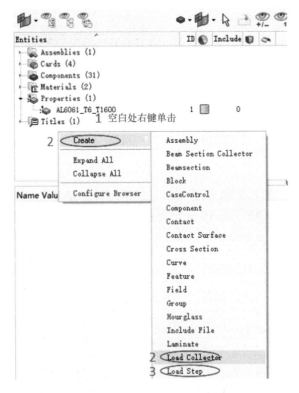

图 19-20　Load Collector 创建

在 Components 下创建名为"spc"的 Component 并置于当前状态，用于存放各个安装点创建 RBE 单元，电池包各个安装点 RBE 创建如图 19-21 所示。

bars	connectors	line mesh	edit element	Geom
rods	spotweld	linear 1d	split	1D
rigids	HyperBeam		replace	2D
rbe3			detach	3D
springs			order change	Analysis
gaps		vectors	config edit	Tool
		systems	elem types	Post

图 19-21　RBE 创建

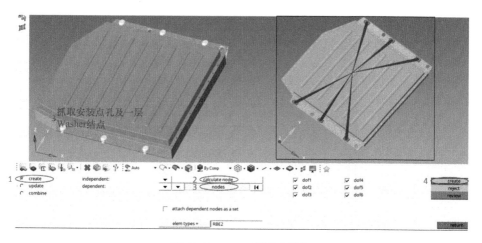

图 19-21　RBE 创建（续）

切换到 Load Collector，创建 Component，命名为 spc，并置于当前状态，用于存放边界约束条件，具体如图 19-22 和图 19-23 所示。

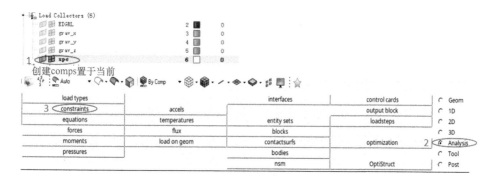

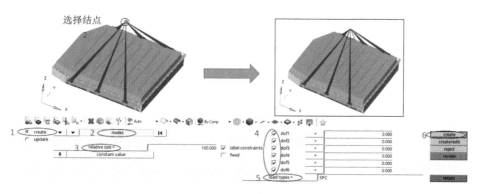

图 19-22　边界条件创建

图 19-23　EIGRL 设置

2）Load Step 创建如图 19-24 所示。

图 19-24　Load Step 创建

19.5.2　惯性力设置

1）Load Collector 创建：创建名为"x_3g/y_3g/z_−5g"三个comps，用于设置不同方向载荷，下面以 X 向设置为例，Y/Z 方向设置可参考 X 向，具体设置如图 19-25 所示。

2）Load Step 创建：此处创建X 向作为示例，Y/Z 向参考设置，具体如图 19-26 所示。

19.5.3　随机振动设置

随机振动载荷设置按照 14.2节执行，如图 19-27 所示。

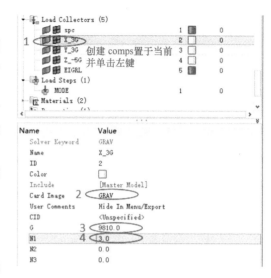

图 19-25　惯性力载荷设置

图 19-26　惯性力设置

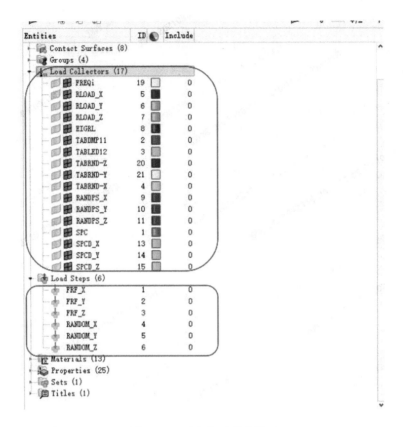

图 19-27　随机振动载荷设置

19.6　模型检查及计算文件生成

19.6.1　模型质量检查

参考 15.1 节进行，此处不再赘述。

19.6.2　提交计算

参考 15.2 节操作即可。

19.7　结果查看及评价

参考 16.1 节和 16.2 节后处理进行。

参 考 文 献

[1] 曾攀 . 有限元分析及应用 [M]. 北京：清华大学出版社，2004.

[2] 龙驭球，包世华，袁驷 . 结构力学 Ⅱ——专题教程 [M]. 北京：高等教育出版社，2018.

[3] 金江，袁继峰，葛文璇，等 . 理论力学 [M]. 南京：东南大学出版社：201901.299.

[4] 王勖成 . 有限单元法基本原理和数值方法 [M]. 北京：清华大学出版社，1997.

[5] MACLEOD Y. The Finite Element Method In Engineering[M]. Cebu:Tritech Digital Media，2018.

[6] 沈冯强 . 弹性力学与有限单元法简明教程 [M]. 合肥：合肥工业大学出版社，2015.

[7] BACCOUCH M. Finite Element Methods and Their Applications[M]. Omaha: IntechOpen，2021.

[8] RAO S S. The finite element method in engineering[M]. Cambridge: Butterworth-heine-mann, 2017.

[9] 秦世伦，石秋英，徐双武，等 . 材料力学 [M]. 成都：四川大学出版社，2011.

[10] 徐凯燕 . 工程力学 [M]. 重庆：重庆大学出版社，2017.

[11] LIU W K, LI S, PARK H S. Eighty years of the finite element method: Birth, evolution, and future[J]. Archives of Computational Methods in Engineering, 2022, 29（6）: 4431-4453.

[12] PEPPER D W，HEINRICH J C. The finite element method: basic concepts and applications[M]. Oxford: Taylor & Francis, 2005.

[13] 付为刚，尚永锋，刘爱中，等 . 等效节点载荷解析解在结构受力分析中的应用 [J]. 机械设计与制造，2015（5）：4.